OUVRAGE PUBLIÉ SOUS LES AUSPICES DU MINISTÈRE DE L'INSTRUCTION PUBLIQUE

SOUS LA DIRECTION DE

L. JOUBIN, Professeur au Muséum d'Histoire Naturelle

EXPÉDITION
ANTARCTIQUE FRANÇAISE

(1903-1905)

COMMANDÉE PAR LE

Dr Jean CHARCOT

SCIENCES NATURELLES : DOCUMENTS SCIENTIFIQUES

ARTHROPODES
Pycnogonides

PAR

E.-L. BOUVIER

Membre de l'Institut, Professeur au Muséum d'Histoire naturelle

Myriapodes, par H. BRÖLEMANN.
Collemboles, par Y. CARL.
Coléoptères, par PIERRE LESNE.
Hyménoptères, par R. DU BUYSSON.

Diptères, par E. ROUBAUD.
Pédiculinés, Mallophages, Ixodidés, par L.-G. NEUMANN.
Scorpionides, par EUG. SIMON.

Acariens, par TROUESSART et IVAR TRÄGÅRDH.

PARIS
MASSON ET Cie, ÉDITEURS
120, Boulevard Saint-Germain, 120

EXPÉDITION ANTARCTIQUE FRANÇAISE
(1903-1905)

Fascicules publiés

Décembre 1906

Expédition Antarctique Française

(1903-1905)

COMMANDÉE PAR LE

Dr Jean CHARCOT

CARTE DES RÉGIONS PARCOURUES ET RELEVÉES

PAR L'EXPÉDITION ANTARCTIQUE FRANÇAISE

Membres de l'État-Major :

Jean CHARCOT — A. MATHA — J. REY — P. PLÉNEAU — J. TURQUET — E. GOURDON

OUVRAGE PUBLIÉ SOUS LES AUSPICES DU MINISTÈRE DE L'INSTRUCTION PUBLIQUE

SOUS LA DIRECTION DE

L. JOUBIN, Professeur au Muséum d'Histoire Naturelle

EXPÉDITION

ANTARCTIQUE FRANÇAISE

(1903-1905)

COMMANDÉE PAR LE

Dr Jean CHARCOT

SCIENCES NATURELLES : DOCUMENTS SCIENTIFIQUES

ARTHROPODES
Pycnogonides

PAR

E.-L. BOUVIER

Membre de l'Institut, Professeur au Muséum d'Histoire naturelle

Myriapodes, par H. Brölemann.	**Diptères**, par E. Roubaud.
Collemboles, par Y. Carl.	**Pédiculinés, Mallophages, Ixodidés**, par L.-G. Neumann.
Coléoptères, par Pierre Lesne.	
Hyménoptères, par R. Du Buysson.	**Scorpionides**, par Eug. Simon.

Acariens, par Trouessart et Ivar Trägärdh.

PARIS

MASSON ET Cie, ÉDITEURS

120, Boulevard Saint-Germain, 120

LISTE DES COLLABORATEURS

Les mémoires précédés d'un astérisque sont publiés.

MM. TROUESSART . . . . Mammifères.
         ⋆ MÉNÉGAUX . . . . Oiseaux.
         ⋆ VAILLANT . . . . Poissons.
         ⋆ SLUITER . . . . Tuniciers.
         ⋆ VAYSSIÈRE . . . . Nudibranches.
         ⋆ JOUBIN . . . . Céphalopodes.
         ⋆ LAMY . . . . Gastropodes et Pélécypodes.
         ⋆ THIELE . . . . Amphineures.
         ⋆ BROLEMANN . . . . Myriapodes.
         ⋆ CARL . . . . Collemboles.
         ⋆ ROUBAUD . . . . Diptères.
         ⋆ DU BUYSSON . . . . Hyménoptères.
         ⋆ LESNE . . . . Coléoptères.
         ⋆ TROUESSART et IVAR TRÄGÅRDH . Acariens.
         ⋆ NEUMANN . . . . Pédiculines, Mallophages, Ixodidés.
         ⋆ SIMON . . . . Scorpionides.
         ⋆ BOUVIER . . . . Pycnogonides.
         ⋆ COUTIÈRE . . . . Crustacés Schizopodes et Décapodes.
Mlle ⋆ RICHARDSON . . . . Isopodes.
MM. ⋆ CHEVREUX . . . . Amphipodes.
         ⋆ QUIDOR . . . . Copépodes.
         NOBILI . . . . Ostracodes.
         OEHLERT . . . . Brachiopodes.
         CALVET . . . . Bryozoaires.
         ⋆ GRAVIER . . . . Polychètes.
         HÉRUBEL . . . . Géphyriens.
         JÄGERSKIÖLD . . . . Nématodes libres.
         ⋆ RAILLIET et HENRY . . . . Némathelminthes parasites.
         BLANCHARD . . . . Cestodes.
         GUIART . . . . Trématodes.
         JOUBIN . . . . Némertiens.
         ⋆ HALLEZ . . . . Polyclades et Triclades maricoles.
         ED. PERRIER . . . . Crinoïdes.
         ⋆ KŒHLER . . . . Stellérides, Ophiures et Echinides.
         ⋆ VANEY . . . . Holothuries.
         ROULE . . . . Alcyonaires.
         BEDOT . . . . Siphonophores.
         O. MAAS . . . . Méduses.
         ⋆ BILLARD . . . . Hydroïdes.
         TOPSENT . . . . Spongiaires.
         TURQUET . . . . Phanérogames.
         ⋆ CARDOT . . . . Mousses.
         ⋆ HARIOT . . . . Algues.
         PETIT . . . . Diatomées.
         GOURDON . . . . Géologie, Minéralogie, Glaciologie.
Mlle TRISLINSKY, MM. WEINSBERG, CHARCOT. Bactériologie.

PYCNOGONIDES DU " FRANÇAIS "

Par E.-L. BOUVIER

MEMBRE DE L'INSTITUT
PROFESSEUR AU MUSÉUM D'HISTOIRE NATURELLE.

INTRODUCTION

Les Pycnogonides recueillis par la Mission du « Français », dans les régions antarctiques, proviennent tous des parages de l'île Booth-Wandel ou de l'île Wiencke ; la plupart même ont été capturés à Port-Charcot, c'est-à-dire au lieu qui abrita longtemps le navire dans la première de ces îles. Beaucoup furent trouvés à la côte par mer basse ; les autres ont été pris au moyen de la drague sur des fonds qui atteignaient au plus 40 mètres. Tous, dès lors, appartiennent à la zone littorale et sont par là même éminemment caractéristiques des eaux froides antarctiques.

Ils sont représentés par les huit espèces suivantes :

1. *Decolopoda antarctica* Bouvier, 1 exemplaire.
2. *Pentanymphon antarcticum* Hodgson, 3 exemplaires.
3. *Cordylochele Turqueti* Bouvier, 1 exemplaire.
4. *Ammothea curculio* Bouvier, 2 exemplaires.
5. — *communis* Bouvier, nombreux exemplaires.
6. — *affinis* Bouvier, 3 exemplaires.
7. *Leionymphon antarcticum* Bouvier, 2 exemplaires.
8. — *grandis* Pfeffer, 9 exemplaires.

Il est intéressant de constater que cette petite collection ne renferme pas moins de 6 espèces nouvelles sur 8. Cela donne à croire que la faune des Pycnogonides antarctiques doit être remarquablement riche et variée. Car les mers australes ne sont plus des régions vierges pour les zoologistes ; elles ont été l'objet de six campagnes antérieures, ce qui n'a pas empêché la septième, celle du « Français », de recueillir dans tous les groupes, et particulièrement dans celui qui nous occupe, une ample moisson de nouveautés.

Et ce n'est là qu'un début, on peut l'affirmer en toute certitude. Les espèces trouvées jusqu'ici ne représentent qu'une faible partie de la faune antarctique, même pour les régions peu étendues qui furent explorées au cours de chaque campagne. C'est un heureux hasard qui a fait découvrir aux chercheurs du « Français » le type unique de la gigantesque *Decolopoda antarctica*, et l'on peut bien croire que d'autres formes non moins curieuses, mais plus petites, ont dû échapper aux recherches des naturalistes. D'un autre côté, ne doit-on pas trouver surprenant que l'*Ammothea communis*, si répandue près des côtes de l'île Booth-Wandel, soit restée inaperçue durant les campagnes qui ont exploré d'autres points de l'Océan antarctique (1) ? Cette espèce n'est sûrement pas localisée au voisinage de Port-Charcot ; elle doit également pulluler ailleurs ; mais elle a sans doute des endroits de prédilection, et l'on n'avait pas réussi, jusqu'alors, à rencontrer l'un de ces gîtes. Par ces deux exemples, on peut juger du nombre et de l'importance des lacunes qui restent à combler dans le catalogue faunistique des régions australes.

Quand seront comblées ces lacunes, on trouvera probablement que la faune antarctique proprement dite (j'entends la faune littorale ou sub-littorale, celle qui n'atteint pas les régions profondes où la température tend à s'égaliser), on trouvera probablement, dis-je, que la faune antarctique est uniformément répandue autour du pôle. C'est là du moins ce que laisse entrevoir la distribution du fameux Nymphonide à dix pattes, le *Pentanymphon antarcticum*, que la « Discovery » a capturé et que mon excellent confrère, M. Hodgson (**1904**), a si bien fait connaître. Les exemplaires de la « Discovery » furent trouvés dans la baie Mac-Murdo, c'est-à-dire à peu près par 78° latitude sud et 168° longitude est ; or, on sait, par M. Hodgson (**1905'**, 35), que la même espèce a été prise aux

---

(1) M. Hodgson vient de me faire savoir qu'il a trouvé deux exemplaires d'*A. communis* dans les matériaux recueillis par l'Expédition écossaise.

Orcades du Sud (South Orkneys) par l'Expédition antarctique écossaise, et l'on verra plus loin que les chercheurs du « Français » l'ont retrouvée à l'île Booth-Wandel. Les Orcades du Sud sont situées par 45° longitude ouest et 61° latitude sud, et l'île Booth-Wandel plus loin au sud-ouest, par 62° 20′ longitude ouest et 65° 6′ latitude sud ; voici donc une espèce répandue en deux points opposés des mers australes, et l'on peut justement penser qu'elle existe également dans les régions intermédiaires.

En sera-t-il de même pour les autres espèces déjà connues ; c'est bien probable, mais jusqu'ici rien n'est venu le prouver. Pourtant le volumineux et magnifique *Leionymphon grandis* Pfeffer, découvert près de la Géorgie du Sud (137° longitude ouest, 54° latitude sud), et depuis capturé par la Mission du « Français » à l'île Booth-Wandel, où il paraît plutôt commun, se trouve représenté par un exemplaire dans les collections faites à l'île Coulman par la « Discovery ». On n'en peut dire autant des espèces nouvelles trouvées par la Mission française, et plus particulièrement des gigantesques Pycnogonides à dix pattes connus sous le nom de *Decolopoda* ; ces curieux organismes ont été découverts aux Shetland du Sud (60° longitude ouest, 63° latitude sud), puis retrouvés aux Orcades du Sud et à l'île Booth-Wandel ; mais, au contraire du *Leionymphon grandis*, ils manquaient dans les parages si bien explorés zoologiquement par la « Discovery ». Ne convient-il pas d'observer, à ce propos, que l'histoire de la *Decolopoda antarctica* est également celle de toutes les Ammothées australes. C'est à la Géorgie du Sud que fut découverte la première espèce antarctique (*Ammothea Hoeki* Pfeffer) de ce genre, qui était considéré jusqu'alors comme localisé bien plus au nord ; depuis cette époque, trois espèces nouvelles ont été capturées par le « Français », mais le genre *Ammothea* n'a pas offert de représentants aux naturalistes de la « Discovery ». Faut-il déduire de ces faits que la faune antarctique présente une localisation remarquable de certaines de ces espèces ? Que non pas, et l'exemple du *Pentanymphon antarcticum* nous le fait bien voir. La conclusion qui s'impose, c'est que les mers australes sont fort riches, et qu'à leurs hardis explorateurs elles n'ont livré qu'une faible part de leurs curieux secrets.

Il n'est peut-être pas téméraire d'espérer qu'elles nous permettront un jour de soulever le voile encore assez épais qui dissimule les affinités du groupe énigmatique auquel est consacré le présent mémoire. N'est-ce pas un premier degré dans cette voie que la découverte des Pycnogonides à dix pattes, qui ont si justement émerveillé les zoologistes ? Tous les Pycnogonides jusqu'alors connus étaient des animaux octopodes, ce qui leur donnait une certaine apparence d'Arachnides, et ce qui a dû porter certains zoologistes à les rapprocher de ce dernier groupe (1). En 1905, lorsque fut attirée l'attention sur la *Decolopoda australis*, si bien décrite et figurée longtemps auparavant par Eights (**1834**, 203-206, Pl. VII), on resta quelque peu sceptique, et M. Loman (**1905**, 723) semblait avoir pour lui la logique en considérant cette forme comme une larve de *Colossendeis* transformée en un « monstre irrationnel ». Or, la figure donnée par Eights était à coup sûr rigoureusement exacte, et M. Hodgson (**1905ᵇ**, 254) n'eut pas de peine à l'établir ; retrouvée par l'Expédition écossaise, la *Decolopoda australis* était bien une espèce nouvelle, normalement pourvue de dix pattes et semblable seulement aux *Colossendeis* par sa grande dimension et son faciès général. Le monstre irrationnel devenait une réalité! Et cette réalité ne saurait être prise pour une manifestation propre à l'espèce décrite par Eights. En découvrant un nouveau type de Décolopode, la *Decolopoda antarctica*, les missionnaires du « Français » ont eu le mérite d'établir que les Pycnogonides colossendéiformes à cinq paires de pattes présentent une certaine variété ; et, en faisant connaître le *Pentanymphon antarcticum*, M. Hodgson a montré que le type décapode se rencontre également chez des formes tout à fait différentes, les Pycnogonides de la famille des Nymphonides. Ainsi, la présence de cinq paires de pattes, au lieu de quatre, doit être considérée comme un fait normal et assez fréquent chez les Pycnogonides.

Cette particularité modifie singulièrement les idées relatives à la morphologie du groupe et soulève de nouveau la question du point de départ de ce dernier. Est-il primitif ou secondaire? C'est un problème qu'il

(1) Voy. plus loin (p. 8) une note relative à un travail de M. G.-H. CARPENTER sur les relations entre les diverses classes d'Arthropodes.

faut actuellement résoudre et dont la solution n'est pas douteuse, comme
je le montrerai plus loin. Les Pycnogonides à dix pattes ne sont pas
moins normaux que les autres ; mais ils se rapprochent davantage de la
forme primitive du groupe, forme dans laquelle il y avait peut-être un
plus grand nombre encore de somites pédifères identiques. Est-il téméraire d'espérer que les eaux antarctiques donneront à leurs explorateurs
la joie de découvrir quelques descendants directs de la forme originelle :
des Pycnogonides ayant plus de dix pattes et peut-être même un abdomen encore quelque peu segmenté ?

Dans le travail qu'on va lire, j'ai adopté la nomenclature employée par
M. Hodgson, dans son mémoire sur les Pycnogonides capturés par
la « Discovery » (1907). Cette nomenclature est la même que celle
établie par M. G.-O Sars (1), sauf toutefois en ce qui concerne les
diverses régions du corps. Abstraction faite de la trompe, M. Sars divise
le corps en trois parties : le segment céphalique, qui s'étend depuis le
front jusqu'au bord postérieur du premier somite pédifère ; le tronc, qui
comprend les somites pédifères suivants, et le segment caudal, qui
forme la partie postérieure du corps. M. Hodgson, au contraire, désigne
sous le nom de tronc toute la partie du corps qui s'étend depuis le bord
frontal jusqu'à la limite postérieure du dernier segment pédifère ; il
distingue d'ailleurs dans cette partie un céphalon qui comprend toute la
région antérieure jusqu'au premier somite pédifère exclusivement, et il
attribue la dénomination d'abdomen au segment caudal de M. Sars.

Il me semble plus naturel de limiter le tronc aux segments pédifères
et de considérer dans le corps les quatre parties successives suivantes :
la *trompe*, le *céphalon*, le *tronc* et l'*abdomen*. C'est, à mon avis, le seul
changement qu'il soit utile d'apporter dans la nomenclature de
M. Hodgson.

Comme mon confrère anglais, je désignerai sous le nom de *col* la partie
rétrécie du céphalon, et j'appellerai *prolongements latéraux* les saillies
latérales des somites pédifères ; — les appendices antérieurs du céphalon,

(1) G.-O. SARS, Pycnogonidea (in *The Norwegian North-Atlantic Expedition*, 1876-1878, Zoology,
1891).

désignés sous le nom de mandibules par M. Hoek (1), seront appelés *chélicères*, les suivants *palpes* et ceux de la troisième paire *ovigères*. Je donnerai enfin les noms de première, deuxième et troisième *coxa*, de *fémur*, de premier et de second *tibia*, de *tarse* et de *propode* aux articles successifs qui constituent les pattes, ces dernières se terminant par une *griffe* principale souvent accompagnée de deux *griffes auxiliaires*. Je conserverai le nom de *ligne latérale* à la formation linéaire qu'on trouve fréquemment sur les faces antérieure et postérieure de chaque patte, et qui se distingue par une ornementation différente de celle des régions tégumentaires voisines.

Les dimensions longitudinales du corps seront toutes prises dorsalement, sur la ligne médiane : celles de la trompe, depuis l'orifice buccal jusqu'à la base ; celles du céphalon, depuis le bord frontal jusqu'au niveau du bord antérieur du premier prolongement latéral, et celles du tronc depuis ce bord jusqu'à la naissance de l'abdomen. La plus grande largeur du tronc sera celle qui sépare les extrémités distales des prolongements latéraux du somite où ces prolongements atteignent leur plus grande longueur. Les dimensions longitudinales des divers articles des pattes seront prises sur la face postérieure, entre deux articulations successives.

Avant d'aborder la partie essentielle de ce travail, je tiens à remercier de tout cœur celui qui m'en a fourni les éléments, M. Jean Charcot, l'organisateur et le chef intrépide de la Mission du « Français ». Je veux également témoigner ma gratitude à M. Turquet, le biologiste de la Mission, et aux marins qui l'ont secondé dans sa tâche.

Il m'est agréable de payer un juste tribu de reconnaissance à M. Hodgson, l'habile zoologiste de la « Discovery », et à mon ami M. Henri Fischer, qui m'ont aidé l'un et l'autre dans la préparation de ce mémoire : le premier en me donnant d'utiles conseils sur la spécification des Pycnogonides et en me communiquant les bonnes épreuves de son mémoire (**1907**) ; le second, en exécutant les photographies de types reproduites plus loin dans les premières planches du présent travail.

(1) P.-P.-C. Hoek, *Report on the Pycnogonidea* « *Challenger* », Zoology, vol. III, 1881.

Mon excellent collègue du Muséum, M. le professeur Joubin, voudra bien aussi accepter un remerciment pour la part qui lui revient dans l'exécution matérielle de cette publication.

QUELQUES GÉNÉRALITÉS SUR LES *PYCNOGONIDES*.

A l'exemple de plusieurs zoologistes, et notamment de M. Ray Lankester (1), je considère les Pycnogonides comme appartenant à la grande classe des Arachnides, qui se distingue essentiellement des Crustacés par la présence, chez l'adulte, d'une seule paire d'appendices prébuccaux. Ainsi comprise, la classe des Arachnides s'étend depuis les Trilobites jusqu'aux Acariens, en passant par les Xiphosures et tous les Arachnides normaux. Elle présente ainsi un assez grand polymorphisme, toutefois sans être moins homogène, à ce point de vue, que la classe des Crustacés : abstraction faite des formes très modifiées par le parasitisme ou par la fixation, il ne me paraît pas y avoir plus de différence entre un Trilobite et un Oribate qu'entre un Branchipe et un Cloporte, entre un Pycnogonide et un Palpigrade qu'entre une Caprelle et un Ostracode.

Les Pycnogonides se distinguent par beaucoup de caractères qui appartiennent également à certains Arachnides les plus normaux : ils ont (souvent) des chélicères triarticulés et en pince comme les Scorpions, les Palpigrades et les Opilionides ; une trompe réduite à l'état larvaire et, dans tous les cas, homologue de la saillie buccale des Pédipalpes, des Chernètes, des Galéodes et surtout des Palpigrades ; des palpes pluriarticulés et vraisemblablement tactiles, comme un très grand nombre d'Arachnides, et d'ailleurs sans aucune relation avec l'appareil buccal, comme ceux des Palpigrades. Leurs appendices de la troisième paire sont modifiés et constituent des ovigères, de même qu'ils se différencient en appendices palpiformes chez les Pédipalpes. Les ovigères des Pycnogonides servent le plus souvent à porter les œufs, comme les appendices des paires antérieures chez les *Heteropoda*, les *Pholcus* et les

(1) E. Ray Lankester, The Structure and Classification of the Arachnida (*Quart. Journ. mic. Science*, vol. XLVIII, part. II, p. 165-269, 1904).

Dolomedes; il est vrai que cette fonction est dévolue aux mâles des Pycnogonides, mais M. Hoek (1) l'a vue remplie par les femelles chez le *Nymphon brevicaudatum* Miers, et, d'ailleurs, il semble bien qu'on ne la
trouve pas encore développée dans les *Colossendeis* et les *Decolopoda*,
ainsi que l'a observé M. Hodgson (**1905**°).

Le céphalon des Pycnogonides est toujours, chez l'adulte, entièrement fusionné avec le premier segment du tronc pour constituer ce que
M. Sars appelle le *segmentum cephalicum* et M. Hoek le *cephalotho-
racic segment*; or cette partie du corps a rigoureusement son homologue
dans la partie antérieure libre du céphalothorax des Palpigrades, des
Tartarides et des Solifuges; bien plus, chez les Solifuges, on trouve
l'équivalent du céphalon des Pycnogonides dans la grande pièce tergale
oculifère qui se rattache, par une ligne de suture, au tergite étroit des
pattes de la deuxième paire (2). Quant aux quatre ou cinq segments
munis de pattes locomotrices qui constituent le tronc des Pycnogonides,
ils correspondent aux trois segments thoraciques postérieurs des
Arachnides normaux et aux segments qui leur font suite sur l'abdomen,
segments qui sont appendiculés chez l'embryon et parfois même chez
l'adulte (opercule génital et peignes des Scorpions). A ce point de vue
encore, il y a quelques ressemblances entre les Pycnogonides et certains

(1) P.-P.-C. Hoek, *loc. cit.*, p. 135.
(2) Dans son très intéressant travail : *On the Relationships between the Classes of the Arthro-
poda* (*Proc. Roy. Irish. Acad.*, vol. XXIV, sect. B, p. 320-360, 1903), M. G.-H. Carpenter identifie
cette région triappendiculée du corps des Solifuges avec le *segmentum cephalicum* quadri-
articulé des Pycnogonides; et, d'un côté, s'appuyant sur cette identification, de l'autre sur la présence d'une paire d'appendices vestigiaux entre les chélicères et les palpes des Araignées, conclut
que les Arachnides normaux diffèrent essentiellement des Pycnogonides par l'atrophie des palpes
qui persistent chez ces derniers : « Les Pycnogonides, écrit-il (p. 342), semblent être un ordre
aberrant d'Arachnides. Non seulement leur histoire embryogénique, telle que l'a décrite Morgan,
la forme en chélicères des appendices de la paire antérieure et la présence de quatre paires de
pattes ambulatoires suggèrent des affinités arachnidiennes, mais aussi le fait que les segments
portant les trois paires de pattes postérieures, chez les diverses familles de Pycnogonides comme
chez les Solifuges, ne se fusionnent pas avec le segment céphalique qui porte les quatre paires
d'appendices frontaux. » M. Carpenter est plus que personne convaincu des étroites affinités
arachnidiennes des Pycnogonides, mais il a été beaucoup trop frappé par le caractère octopode de
ces animaux, et il accepte trop volontiers l'observation de Lendl relative aux appendices vestigiaux des Araignées. Quant à l'identification qu'il propose, elle est sûrement moins vraisem-
blable que celle où l'on voit dans le *segmentum cephalicum* des Pycnogonides l'homologue de
la partie antérieure libre du céphalothorax des Solifuges, des Palpigrades et des Tartarides. Au
surplus, quand il écrivit son mémoire, M. Carpenter ne connaissait pas les Pycnogonides décapodes.

PYCNOGONIDES.

Arachnides : chez les Opilionides notamment, où le grand tergite céphalo
thoracique est confluent avec les tergites abdominaux et parfois même se
confond avec les plus antérieurs de ces derniers.

Les pattes des Pycnogonides me paraissent construites sur le même
plan que celles des Arachnides, mais d'un type plus primitif, en ce sens
qu'aucun de leurs articles ne devient épisternal (1) et qu'elles présentent
de ce fait trois articles basilaires bien distincts, les trois articles coxaux.
Chez les Arachnides, les deux premiers articles coxaux semblent
fusionnés en un seul, qui est toujours plus ou moins épisternal ; mais
pourtant il n'en est pas encore ainsi chez les Limules, où le premier article
coxal est encore distinct, mais réuni au suivant par une suture immobile, le troisième article coxal jouant le rôle de trochanter. En fait,
il me semble qu'on peut identifier comme il suit les divers articles des
pattes chez les Arachnides normaux et les Pycnogonides :

Pycnogonides.	Arachnides normaux.
1re coxa	Hanche ou coxa.
2e —	
3e —	Trochanter.
Fémur	Fémur.
1er tibia	Patella.
2e —	Tibia.
Tarse	Métatarse.
Propode	Tarse.

Ce qui donne une réelle valeur à cette interprétation, c'est le fait que
les orifices des glandes sexuelles des Pycnogonides s'observent toujours
sur le deuxième article coxal, et les orifices des glandes coxales des
Arachnides normaux sur la hanche. En leur qualité d'organes segmentaires
néphridiens, les glandes coxales des Arachnides sont très propres à
s'adapter aux fonctions vectrices génitales, et ce qui porte à croire
qu'elles remplissent bien réellement ce rôle chez les Pycnogonides,

(1) J'entends par *article épisternal* un article qui se fusionne largement avec le corps et joue le
rôle de pièce pariétale. Le premier article basilaire devient épisternal chez presque tous les Arthropodes un peu élevés en organisation ; on l'observe encore plus ou moins apparent dans les pattes
qui ont conservé un caractère primitif (Blattes, Argules, pattes abdominales des Crustacés) ; mais
le plus souvent il perd toute indépendance. Voy. à ce sujet : pour les Blattes, J. Wood Mason,
Morphological Notes bearing on the origin of Insectes (*Trans. ent. Soc. London*, 1879, p. 156), et
pour les Crustacés, H.-J. Hansen, Zur Mophologie der Gliedmassen und Mundtheilen bei Crustaceen
und Insecten (*Zool. Anzeiger*, Jahrg. XVI, p. 193-198, 201-212, 1893).

c'est l'étrange ressemblance que présentent les glandes génitales de ces Arthropodes avec les glandes coxales des Limules. Que l'on compare, à ce point de vue, les glandes coxales de la *Limulus polyphemus*, telles que les a figurées Packard (1), avec la description et les figures des glandes génitales données par M. Hoek (2) pour les Pycnogonides? Abstraction faite de l'anastomose postérieure, qui réunit les glandes coxales des deux côtés, c'est exactement la même disposition anatomique. Il est vrai que les pores sexuels des Pycnogonides se trouvent souvent (mais non toujours) sur plusieurs paires de pattes, et parfois même sur toutes, tandis que les orifices coxaux des Arachnides se localisent sur les appendices de la troisième ou de la cinquième paire ; mais on peut penser que ces orifices étaient plus nombreux chez les Xiphosures primitifs, et d'ailleurs on sait, depuis les recherches de M. Bertkau (3), qu'ils existent simultanément sur les troisième et cinquième appendices dans les Araignées théraphoses du genre *Atypus*.

Comme la plupart des Arachnides, les Pycnogonides présentent sur l'intestin moyen de nombreux prolongements cæcaux, qui pénètrent dans les pattes comme ceux des Opiliomides ; cette pénétration est vraisemblablement la conséquence de la réduction du corps dans le sens transversal, mais on ne saurait en dire autant de la présence même des *cæca*, et le fait que ces derniers existent chez les Pycnogonides comme chez presque tous les Arachnides normaux semble bien indiquer, chez ces Arthropodes, une origine commune. J'ajoute que les yeux des Pycnogonides sont du même type que les yeux médians des Arachnides normaux, et que les spermatozoïdes ont la forme ordinaire filamenteuse dans l'un ou l'autre groupe. On sait que ce dernier caractère n'existe pas dans les Crustacés, sauf toutefois dans l'ordre des Cirrhipèdes.

Faut-il ajouter que les Pycnogonides ont des métamorphoses comme les Acariens et que leurs larves ou formes embryonnaires libres présentent, comme chez certains de ces derniers, des phénomènes d'atrophie

(1) Voy. à ce sujet la figure schématique tirée du mémoire de Packard par M. Ray Lankester dans son travail sur la structure et la classification des Arachnides (*Quart. Journ. Micr. Science*, vol. XLVIII, part. II, fig. 28).

(2) P.-P.-C. HOEK, *loc. cit.*, p. 128-132, et Pl. XXI, fig. 10.

(3) PH. BERTKAU, Zu J. Lebedinsky « Die Entwicklung der Coxaldrüse bei Phalangium » (*Zool. Anzeiger*, Bd. XV, p. 177, 1892).

et de régénération de membres? Chez les Gamasides et les Ixodes, ce sont les pattes de la quatrième paire qui disparaissent dans la forme embryonnaire libre pour réapparaître ensuite; chez les Pycnogonides, l'atrophie porte sur les appendices de la deuxième et de la troisième paires, qui réapparaissent sous la forme de palpes et d'ovigères. D'après M. Meinert (1), qui a bien étudié ce curieux phénomène, on ne saurait identifier les palpes et les ovigères avec les deux paires d'appendices qui ont disparu; mais cette conception me paraît sujette à critique, et, dans tous les cas, il convient d'attribuer aux mêmes somites les membres de l'adulte et ceux de la forme embryonnaire (2).

Beaucoup des caractères que nous venons de passer en revue sont également applicables à certains Crustacés, mais ce fait n'atténue en rien les puissantes affinités arachnidiennes des Pycnogonides, et il peut seulement servir à prouver que les Crustacés et les Arachnides sont issus d'une souche commune (3), les premiers avec deux paires d'appendices prébuccaux, les seconds avec une seule paire.

A l'exemple de M. Ray Lankester (4), il convient donc de ranger les Pycnogonides dans la classe des Arachnides. Mais la découverte des formes décapodes, *Pentanymphon* et *Decolopoda*, conduit à une modification des groupements établis dans cette classe par le savant directeur du British Museum. On sait que M. Ray Lankester divise les Arachnides en deux sous-classes : les *Anomoméristiques*, dans lesquels le nombre des somites est variable, et les *Nomoméristiques*, dans lesquels ce nombre est primitivement constant. Ayant tantôt quatre somites pédifères

(1) FR. MEINERT, Pycnogonida (in *The Danish Ingolf Expedition*, vol. III (1), 1899, p. 27 et suiv.).

(2) « For my part, dit M. Meinert (p. 28), I must regarded it as a decided fact that in all Pycnogonida the embryonal legs are quite thrown off during the second larval stage, and that they are in no way identical with the latter imaginal fore limbs, the palps and the ovigerons legs, which latter also, and of this there is no doubt, arise, although on the same metameres, still in other parts of these metameres. »

(3) C'est ainsi que s'expliquent les ressemblances indéniables qui existent entre les Pycnogonides et les Crustacés, surtout à l'état larvaire. Ces ressemblances ont été fort bien mises en relief par M. J. MEISENHEIMER, dans un intéressant travail [Ueber die Entwicklung der Pantopoden und ihre systematische Stellung (*Verh. deut. zool. Ges.*, XII Jahr., p. 57-64, 1902)], où sont d'ailleurs méconnues les affinités arachnidiennes des Pycnogonides. Il est évident que la structure en pince des chélicères est d'origine secondaire par rapport à la souche commune des Arachnocarides; mais ce fait prouve seulement que les Pycnogonides et les Arachnides se sont d'abord adaptés dans un sens et les Crustacés dans un autre.

(4) E. RAY LANKESTER, *loc. cit.*, p. 1213.

et tantôt cinq, les Pycnogonides ne sauraient être placés dans le second groupe, avec les Arachnides normaux ; ils doivent rentrer dans le premier, avec les Trilobites, dont ils se distinguent d'ailleurs par la plupart des autres caractères.

Les Arachnides anomoméristiques, par le fait seul qu'ils présentent un nombre variable de somites, méritent de prendre rang parmi les formes primitives de la classe. Nombreux sont les autres caractères qui permettent de les considérer comme tels, et, en ce qui regarde les Pycnogonides, on doit citer la persistance de l'article basilaire des pattes, l'indépendance de cet article par rapport au suivant et aux parois du corps, la répétition métamérique des prolongements sexuels, des pores coxaux et des cæca digestifs, enfin et surtout la structure scalariforme de la chaîne nerveuse ventrale. Ce dernier caractère, à lui seul, suffirait pour établir que les Pycnogonides sont des formes primitives ; il diffère totalement, à ce point de vue, du système nerveux condensé qu'on observe chez tous les Arachnides, à l'exception des Xiphosures et des Scorpionides, qui sont, eux aussi, très rapprochés de la souche commune.

Contrairement à l'opinion courante, on ne saurait donc considérer les Pycnogonides comme des formes dégénérées : ce sont tout simplement des Arachnides primitifs ayant subi une adaptation spéciale.

CLASSIFICATION.

La découverte des Pycnogonides décapodes permet de caractériser, avec une précision assez grande, la forme ancestrale plus primitive d'où sont issues les diverses branches du groupe. M. L.-J. Cole (**1905**, 412) observe justement que cette forme devait sans doute se rapprocher beaucoup de l'*Archipycnogonum* imaginé par M. Hoek (1) et, comme ce genre ancestral hypothétique, présenter de puissantes chélicères pluriarticulées et parfaitement chéliformes, des palpes de 10 articles et des ovigères également de 10 articles avec plusieurs rangs d'épines foliacées sur leurs quatre derniers articles. M. Hoek attribuait à son *Archipycnogonum* des griffes auxiliaires ; mais, si ces formations existent dans les *Pentanym-*

(1) P.-P.-C. HOEK, Nouvelles études sur les Pycnogonides (1881, *Arch. zool. exp.*, vol. IX, p. 495).

phon, elles manquent totalement chez les *Decolopoda*, et on peut à bon droit les considérer comme le résultat d'une adaptation secondaire qui ne s'était pas produite encore dans le type ancestral. Ajoutons que ce type devait ressembler aux Pycnogonides décapodes actuels par ses tarses allongés et ses propodes à peu près droits, par la griffe terminale de ses ovigères et par ses dimensions grandes ou médiocres ; il avait *pour le moins* cinq somites librement articulés et munis chacun d'une paire de longues pattes ambulatoires. Ce type ancestral hypothétique diffère des *Pentanymphon* par ses épines ovigères simples, par ses chélicères quadriarticulées et par ses palpes de dix articles, du genre *Decolopoda* par ses somites pédifères nettement articulés ; on ne saurait donc, à l'exemple de M. Cole, l'identifier avec ce dernier genre ; mais il en est fort voisin, et peut-être trouvera-t-on quelque jour, dans les mers australes, sa descendance directe à peine modifiée.

M. Cole a été bien inspiré en groupant les Pycnogonides en deux séries évolutives à partir de la forme ancestrale ; mais on a vu que cette forme ne saurait être identifiée avec les *Decolopoda* et, d'autre part, je ne crois pas qu'on puisse réunir, dans une même lignée, les Eurycydides et les Ammothéides avec les *Colossendeis*. Cette dernière lignée correspond aux *Cryptochelata* de Sars et constitue pour M. Cole l'ordre des *Colossendeomorpha* ; l'autre est représentée par l'ordre des *Pycnogonomorpha*, qui embrasse le reste des Pycnogonides (*Euchelata* et *Achelata* de Sars), sauf, bien entendu, les *Decolopoda*. Mais M. Cole ne caractérise nullement ces deux ordres, et il me semble ne pas tenir compte des affinités naturelles en considérant les Eurycydides comme des formes intermédiaires entre les *Decolopoda* et les Ammothéides d'une part, les *Colossendeis* de l'autre. Par leur facies bien caractéristique, par la structure de leur corps, par la position relative de leurs palpes et de leurs ovigères, par la brièveté et l'égalité de leurs articles coxaux, par la présence de pores sexuels sur tous les appendices (1) et par la denticulation faible ou nulle des épines de leurs ovigères, les *Decolopoda* se rapprochent

(1) M. Cole note que les pores sexuels des *Colossendeis* sont localisés sur les pattes des deux dernières paires ; mais ce n'est pas exact, et M. Hodgson (**1905**e, 255), d'après les observations de M. Hoek, remarque très justement que, dans les *Colossendeis* adultes, les pores sexuels sont développés sur toutes les pattes comme chez les *Decolopoda*, et à la même place que dans

étroitement des *Colossendeis* et constituent avec eux un groupe homogène. Tandis que les Eurycydides et les Ammothéides ont un facies tout autre, les segments du tronc généralement mobiles, des palpes différemment disposés relativement aux ovigères, des articles coxaux ordinairement assez longs et inégaux, des pores sexuels localisés sur les pattes des deux paires postérieures chez les mâles, et des épines fortement denticulées sur les quatre derniers articles de leurs ovigères ; et tous ces caractères leur sont communs avec la plupart des Nymphonides, c'est-à-dire avec les formes les plus typiques et les plus primitives de ce que M. Cole appelle la lignée des Pycnogonomorphes.

Il y a donc bien deux lignées évolutives distinctes dans le groupe des Pycnogonides, mais elles ne sont point telles que M. Cole les a conçues. Elles partent l'une et l'autre de la forme ancestrale définie plus haut et comprennent : d'un côté les *Decolopoda* et les *Colossendeis* ; de l'autre, les *Pentanymphon* avec tout le reste du groupe, qui peut être divisé, suivant la méthode de Sars, en *Euchelata*, *Cryptochelata* et *Achelata*. Les Pycnogonides constituant une sous-classe dans la classe des Arachnides, il convient de considérer les deux lignées comme deux ordres ; et, afin de ne pas compliquer par de nouveaux termes la nomenclature zoologique, il me paraît sage de conserver à ces ordres les dénominations de M. Cole, en leur accordant toutefois la valeur différente nettement établie par le tableau suivant.

CLASSE. — *ARACHNIDA*.

SUBDIVISION. — *ANOMOMERISTICA* E. Ray Lankester.

SOUS-CLASSE. — *PYCNOGONIDEA*. Latr. (*Pantopoda* Gerst.).

PREMIER ORDRE. — *COLOSSENDEOMORPHA*. L.-J. Cole (*pro parte*).

Partie coxale des pattes beaucoup plus courte que le fémur et formée de trois articles très courts et subégaux. Palpes et ovigères d'un même côté ayant leurs bases presque contiguës et situées du côté ventral ; segments du

ces derniers. J'ajoute que M. Hodgson (1905ᶜ) a très nettement mis en évidence les affinités étroites des *Colossendeis* avec les *Decolopoda*.

tronc inarticulés, souvent même sans ligne de séparation distincte. Les quatre derniers articles des ovigères sont munis, sur leur bord interne, de plusieurs rangées d'épines plates, obtuses et non denticulées.

La trompe est très puissante, large et obtuse en avant, droite ou recourbée vers le bas; le céphalon est court; les palpes ont ordinairement 10 articles (rarement 9); les ovigères comptent également 10 articles et présentent une forte épine terminale; les pattes sont très longues et, sauf chez quelques *Colossendeis* probablement immatures, toutes munies de pores sexuels dans les deux sexes; les tarses sont plus longs que le propode et, comme ce dernier, dépourvus d'épines sur leur bord inférieur; les griffes auxiliaires font défaut. Pycnogonides de grande taille, adaptés aux eaux froides des grands fonds ou des pôles.

PREMIÈRE FAMILLE. — *Decolopodidæ* nov. fam. — *Décapodes, avec de puissantes chélicères quadriarticulées et en pinces. Palpes à 9 ou 10 articles.* Un seul genre : *Decolopoda* Eights représenté par deux espèces propres aux mers antarctiques.

DEUXIÈME FAMILLE. — *Colossendeidæ* Hoek. — *Octopodes, sans chélicères ou avec des chélicères imparfaites à l'état adulte. Palpes à 10 articles.* Un seul genre : *Colossendeis* Jarzynsky 1870, qui comprend d'assez nombreuses espèces répandues partout dans les abysses et, plus près du littoral, au voisinage des pôles.

La famille des Colossendéidés, telle qu'elle fut établie par Hoek, correspond à peu près exactement aux Pasithoïdés de M. G.-O. Sars et de M. Cole. Mais on ne saurait accepter cette dernière dénomination, car le genre *Pasithoe* Goodsir ne rentre en aucune façon dans la même famille que les *Colossendeis*. Le genre *Pasithoe* fut établi par Goodsir (1) pour une petite espèce, longue d'un demi-pouce, qui ressemble aux Ammothéides et diffère des *Colossendeis* par son facies général, ses tarses très courts, ses propodes arqués, ses fortes griffes auxiliaires et ses palpes de huit articles; il est vrai, comme l'observe M. Sars, que cette espèce (*P. vesiculosa*) ne possède pas de chélicères; mais on sait que les Ammothéides du genre *Discoarachne* Hoek sont également dé-

(1) H. GOODSIR, Descriptions of some New Crustaceous Animals found in the Firth of Forth (*Edinburgh New Phil. Journ.*, vol. XXXIII, p. 27, Pl. VI, fig. 17-18, 1842).

pourvus de ces appendices, et que d'autres représentants de la même famille n'en possèdent que de rudimentaires (*Clothenia* Dohrn, très voisin de *Discoarachne*) ou de fort réduites (*Trygeus* Dohrn). M. Dohrn (1) considère la *Pasithoe vesiculosa* de Goodsir comme une Ammothée ; mais, étant dépourvue de chélicères, elle me paraît plus voisine des *Discoarachne* et des *Clothenia*, auxquels d'ailleurs elle ressemble par son corps discoïde. En tout cas, la famille qui renferme le genre *Colossendeis* ne saurait recevoir la dénomination de famille des *Pasithoidæ*.

DEUXIÈME ORDRE. — *PYCNOGONOMORPHA* R.-I. Pocock (emend.)

Partie coxale des pattes ordinairement plus courte que le fémur et formée de trois articles relativement longs par rapport aux dimensions des pattes, ces trois articles le plus souvent inégaux, le second étant presque toujours plus allongé que chacun des deux autres. Palpes assez souvent absents ou rudimentaires, quand ils existent, insérés latéralement sur les côtés du bord frontal, sans rapport avec la base des ovigères. Segments du tronc presque toujours séparés par une articulation mobile. Ovigères parfois absents chez la femelle, inermes sur leurs articles terminaux ou avec des épines aiguës, le plus souvent avec des épines denticulées en série. Espèces rarement grandes, ordinairement même de petite taille.

Ce groupe correspond aux Pycnogonomorphes de M. Cole, mais comprend en plus les Eurycydides et les Ammothéides, que ce dernier auteur, à l'exemple de la plupart des zoologistes, rapproche fâcheusement des *Colossendeis*. Abstraction faite de ce dernier genre, il embrasse les trois subdivisions des Nymphonomorphes, des Ascorhynchomorphes et des Pycnogonomorphes, établies par M. R.-I. Pocock dans l'ordre des Pycnogonides et admises par M. Ray Lankester.

Dans l'état actuel de nos connaissances, le mieux est de conserver, pour cet ordre, les coupes suivantes de M. G.-O. Sars, encore que leur auteur les ait établies pour la sous-classe tout entière.

(1) A. Dohrn, *Die Pantopoden des Golfes von Neapel*, p. 228, 1881.

PREMIER SOUS-ORDRE. — *EUCHELATA* G.-O. Sars. — *Chélicères
à 3 ou 4 articles, les deux derniers formant une pince parfaite.*

PREMIÈRE FAMILLE. — *Nymphonidæ Hoek. — Palpes de 5 articles, rarement de 7 ; ovigères de 10 articles, rarement de 8, présents dans les deux sexes, avec une griffe terminale et, sur les quatre derniers articles, des épines en lames aiguës, simples ou denticulées ; pattes longues, au nombre de cinq* (Pentanymphon) *ou quatre paires, à propode droit ou peu arqué et parfois moins long que le tarse, qui n'est jamais très court. Les mâles n'auraient jamais d'orifices sexuels sur les pattes antérieures. — Pentanymphon* Hodgson, *Nymphon* Fabr., *Chætonymphon* Sars, *Boreonymphon* Sars, *Paranymphon* Caullery.

DEUXIÈME FAMILLE. — *Pallenidæ Hoek* (restr.). — *Palpes absents ou rudimentaires* (Neopallene) *; ovigères présents dans les deux sexes, de 10 articles, avec ou sans griffe terminale et des épines simples ou denticulées sur les quatre derniers articles ; quatre paires de pattes à tarse court, à propode arqué, à griffes auxiliaires parfois absentes. Des orifices sexuels sur toutes les pattes de la femelle, parfois seulement sur les deux paires postérieures du mâle. — Neopallene* Dohrn, *Pallene* Johnst., *Pseudopallene* Wilson, *Parapallene* Carp., *Cordylochele* Sars, *Hannonia* Hoek.

TROISIÈME FAMILLE. — *Phoxichilidiidæ* G.-O. Sars. — *Palpes absents ; ovigères développés seulement chez le mâle, de 5 ou 6 articles, avec des épines simples et sans griffe terminale ; quatre paires de pattes à tarses très courts, à propodes arqués, à griffes auxiliaires parfois rudimentaires. Des orifices sexuels sur toutes les pattes dans les deux sexes. Chélicères de 3 ou 4 articles. — Phoxichilidium* Edw., *Anoplodactylus* Wilson, *Oomerus* Hesse (?), *Pallenopsis* Carp.

DEUXIÈME SOUS-ORDRE. — *CRYPTOCHELATA* G.-O. Sars (emend.).

Chélicères de l'adulte réduites, à pince imparfaite, souvent rudimentaires ou nulles, parfois à 4 articles dans les jeunes. Palpes bien développés ; ovigères dans les deux sexes. Toujours quatre paires de pattes. Orifices sexuels

sur les quatre paires dans les femelles, sur les deux ou trois paires posté-rieures dans les mâles.

Première famille. — *Eurycydidæ* G.-O. Sars. — *Palpes de 17 articles; ovigères également de 10 articles avec épines denticulées et griffe termi-nale. Tarses des pattes assez grands, propode droit ou peu arqué, pas de griffes auxiliaires. Scape des chélicères formé parfois de 2 articles. La trompe fusiforme est mobile, articulée sur un scape, et plus ou moins ramenée sous le corps.* — *Eurycyde* Schiödte (= *Zetes* Kr.), *Ascorhynchus* Sars (= *Scænorhynchus* Wils.), *Barana* Dohrn et probablement, d'après Sars, *Parazetes* Sclater, *Nymphopsis* Schimk., *Alcinous* Costa (1).

Deuxième famille. — *Ammotheidæ* Dohrn. — *Palpes ayant de 4 à 9 articles; ovigères de 6 à 10 articles, le plus souvent avec épines denti-culées, mais toujours sans griffe terminale. Pattes plutôt courtes, à tarse court, à propode arqué et à griffes auxiliaires. La trompe n'est pas ramenée sous le corps.*

M. Sars range avec certitude, dans cette famille, les genres *Ammothea* Leach, *Tanystylum* Miers, *Paribœa* Philippi, *Oiceobates* Hesse, *Oorynchus* Hoek, *Clothenia* Dohrn, *Trygeus* Dohrn, et avec doute les genres *Böhmia* Hoek, *Phanodesmus* Costa, *Pephredo* Goodsir, *Platycelus* Costa et *Lecythorhynchus* Böhm. Dans la même famille, on peut également placer, avec certitude, le genre *Discoarachne* Hoek (près des *Clothenia*) et le genre *Pasithoe* Goodsir (entre les *Clothenia* et les *Trygeus*). M. Dohrn (2) observe justement que le genre *Endeis*, établi en 1843 par Philippi (3), est constitué par deux espèces, qui appartiennent en réa-lité à des genres différents : l'*Endeis didactyla* Phil. est une Ammothée et probablement l'*A. fibulifera* Dohrn, tandis que l'*Endeis gracilis* doit

(1) Le genre *Rhynchothorax* Costa est rangé par M. Dohrn dans la famille des Pycnogonidés, tandis qu'il devrait prendre place, d'après M. Sars, dans les Colossendéidés. Ce serait plutôt, semble-t-il, un Eurycydidé sans chélicères et à tarses courts, présentant les orifices sexuels des *Pycnogonum* avec des palpes courts (8 articles dans *R. mediterraneus* Costa) et des denticules aigus au lieu d'épines sur les ovigères. En somme, le genre ne rentre nettement dans aucune famille, mais il appartient sûrement à la série des Pycnogonomorphes. M. Hodgson (**1907**, 43) attribue au même genre le *R. Australis* Hodgson, dont les orifices sexuels seraient localisés sur les pattes de la deuxième paire et qui a des palpes de 5 articles, avec des chélicères rudimentaires et des épines denticulées sur les ovigères.

(2) A. Dohrn, *loc. cit.*, 228.

(3) Philippi, Ueber die Neapolitanischen Pycnogoniden (*Arch. f. Naturg.*, Bd. IX, 176, Taf. IX, fig. 1-2, 1843).

se ranger dans le genre *Phoxichilus* et s'identifier peut-être avec le *Ph. vulgaris* Dohrn.

Avec M. Hodgson (**1907**), je range dans la même famille les trois genres *Leionymphon* Möbius, *Austrodecus* Hodgson et *Austroraptus* Hodgson, qui, pourtant, sont dépourvus d'épines sur les ovigères. Ces trois genres aberrants sont propres aux mers antarctiques; les deux derniers proviennent des récoltes de la « Discovery ».

TROISIÈME SOUS-ORDRE. —*ACHELATA* G.-O. Sars.

Les chélicères et les palpes manquent complètement chez l'adulte, et les ovigères chez les femelles ; les ovigères des mâles n'ont que quelques épines aiguës, simples et non sériées. Les tarses sont toujours très courts et les propodes arqués. Quatre paires de pattes.

PREMIÈRE FAMILLE. — *Phoxichilidæ* Dohrn (restr.). — *Pattes et corps longs et grêles, griffes auxiliaires bien développées ; ovigères de 7 articles sans griffe terminale. Orifices sexuels sur toutes les pattes de la femelle et sur les pattes des trois paires postérieures dans le mâle.* — *Phoxichilus* Latr.

DEUXIÈME FAMILLE. — *Pycnogonidæ* Dohrn. — *Pattes et corps peu allongés et robustes, griffes auxiliaires ordinairement absentes. Ovigères de 9 articles avec une griffe terminale. Orifices sexuels sur les pattes de la dernière paire dans les deux sexes.* — *Pycnogonum* Brünnich.

Il n'est guère possible, dans l'état actuel de nos connaissances, d'indiquer avec un peu de précision les affinités relatives des diverses familles qui constituent l'ordre des Pycnogonomorphes; mais on peut bien dire, avec une grande vraisemblance, que le genre *Pentanymphon* n'est pas la forme primitive d'où sont issus tous les représentants de cette série. Avec leurs chélicères à 3 articles, les *Pentanymphon* semblent à un stade moins primitif que les *Eurycyde*, dont les jeunes ont des chélicères à 4 articles, et que certains *Phoxichilidium*, chez lesquels ce caractère persiste jusqu'à l'âge adulte. Et, d'autre part, au point de vue de ses palpes, qui sont de 5 articles, le genre *Pentanymphon* est à un stade évolutif plus avancé que les *Paranymphon* (palpes de 7 articles), les *Leionymphon* (9 articles), les *Eurycydidés* (palpes de 10 articles) et la plupart des

Ammothéidés. On peut conclure de ces faits que la forme commune d'où sont issus tous les Pycnogonomorphes était une sorte de *Pentanymphon* présentant des palpes à 10 articles et les chélicères tétra-articulées du genre *Decolopoda*.

Famille des DECOLOPODIDÆ L.-J. Cole.

Cette famille ne renferme, jusqu'ici, pas d'autres représentants que le genre *Decolopoda* Eights ; elle doit être considérée comme la souche des Colossendéomorphes et présente un ensemble de caractères primitifs dont on trouvera l'exposé à la page 13 du présent mémoire. M. Cole (**1905**, 409) a eu le premier l'idée de l'établir, mais avec quelque doute et en se bornant à lui donner un nom, parce qu'il ne savait pas si elle devait comprendre les *Pentanymphon*, qui présentent également cinq paires de pattes.

Cette hésitation n'a plus sa raison d'être, les *Pentanymphon* étant les plus typiques des Pycnogonomorphes, tandis que les *Decolopoda* présentent tous les caractères des Colossendéomorphes. Rien ne ressemble moins à un *Colossendeis* qu'un *Pentanymphon* ; mais il en est tout autrement du genre Décolopode, surtout quand on le compare aux *Colossendeis*, dont le tronc est largement ovalaire : au point de vue de la forme générale du corps et des appendices, on peut dire qu'il y a une ressemblance étrange entre le *Colossendeis proboscidea* Sab. et la *Decolopoda antarctica* Bouvier ; ces deux formes sembleraient même représentatives l'une de l'autre, n'étaient les différences familiales qui les séparent.

Malgré leurs caractères primitifs, les Décolopodidés s'éloignent déjà quelque peu de la forme ancestrale des Pycnogonides, car leur corps ne présente plus d'articulations mobiles, et parfois même il a perdu toutes traces de lignes articulaires. A ce point de vue, ils sont moins rapprochés de la forme ancestrale que les *Pentanymphon*.

DECOLOPODA Eights

Les caractères de ce genre ont été exposés par Eights (**1834**), puis complètement décrits par M. Hodgson (**1905**e), qui a, en outre, très bien mis en évidence les affinités des *Colossendeis* et des *Decolopoda*. Ces caractères sont les mêmes que ceux de la famille.

Celle-ci ne comprend que deux espèces, la *D. australis* Eights et la *D. antarctica* découverte par la Mission du « Français », l'une et l'autre propres aux régions antarctiques.

Decolopoda antarctica E.-L. Bouvier.

(Voy. la fig. 1, Pl. I; les fig. 1-3 de la Pl. II, et, dans le texte, les fig. 1 et 2.)
1905. *Colossendeis antarctica* E.-L. Bouvier, *Bull. du Muséum*, 1905, p. 294.
1906. *Decolopoda antarctica* E.-L. Bouvier, *C. R. Acad. des sciences*, t. CXLII, p. 17, 1906.

Par sa forme, sa coloration et son aspect général (Pl. I, fig. 1), cette espèce ressemble à la *D. australis* Eights ; mais elle en diffère beaucoup au fond, et il ne sera pas inutile de décrire simultanément ces deux formes, en les comparant l'une à l'autre au cours de la description. Pour la *D. antarctica*, je me servirai du type unique rapporté par M. Charcot ; pour la *D. australis*, des travaux d'Eights (**1834**) et de M. Hodgson (**1905ª, 1905ᵉ**), ainsi que d'un exemplaire des Orcades du Sud (île Laurie) envoyé au Muséum par M. Lahille.

Le corps. — Le CÉPHALON (Pl. II, fig. 1 et 3) de la *D. antarctica* arrive à peu près au même niveau que les processus latéraux des pattes antérieures, et la partie médiane presque droite de son bord frontal se trouve légèrement en retrait sur les parties externes. Le tubercule oculaire a pour base un rectangle obtusangle, légèrement étranglé à la base ; il s'élève d'abord en parallélipipède, mais bientôt se transforme presque en un cône à sommet subaigu. Les yeux, très développés et fort apparents, sont disposés aux quatre angles du parallélipipède basilaire. Ce dernier occupe une position transversale ; sa largeur est notablement plus grande que sa longueur et égale pour le moins la moitié du bord frontal.

Dans la *D. australis* Eights (Pl. II, fig. 8), le céphalon dépasse de beaucoup les processus latéraux des pattes antérieures, et le tubercule oculaire a des dimensions fort réduites ; c'est une sorte de cône obtus, à pente plus rapide vers le sommet ; sa base non rétrécie tend vaguement vers la forme quadrangulaire, et son plus grand diamètre égale tout au plus la même étendue que l'une des parties latérales du bord frontal. Les

yeux sont plus petits, plus rapprochés et moins apparents que ceux de
la *D. antarctica*.

A la partie antéro-inférieure du céphalon se rattache la TROMPE, ou
PROBOSCIS (Pl. II, fig. 3), qui est largement mobile sur son articulation basilaire. Dans les deux espèces, elle se termine par une bouche en fente
triangulaire, s'infléchit obliquement vers le bas dans sa partie antérieure
et, se renflant un peu (fig. 1), présente son diamètre
maximum dans la région infléchie. Au surplus, la
trompe de la *D. antarctica* est complètement inerme,
fort peu dilatée au point d'inflexion (fig. 1) et à
peine un peu moins longue que le reste du corps.
Dans la *D. australis* (Pl. II, fig. 8), d'autre part, la
trompe est armée dorsalement de nombreuses spinules ; elle est bien plus dilatée au coude et présente une longueur beaucoup plus faible, qui égale
à peu près la distance comprise entre le bord antérieur du céphalon et la limite distale du premier
tiers de l'abdomen.

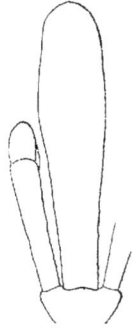

Fig. 1. — *Decolopoda an-
tarctica* Bouv. — Chéli-
cères et trompe dans
leurs rapports avec le
céphalon ; côté dorsal.
Gr. 3 1/2.

Le TRONC de la *D. antarctica* (Pl. II, fig. 1 et 2) est
un peu plus long et plus étroit que celui de la
D. australis (Pl. II, fig. 6 et 7), surtout dans sa partie
médiane indivise, qui forme une sorte de disque
ovalaire entre les processus latéraux. Dans la première espèce, en effet,
la longueur totale du tronc et du céphalon égale la distance qui sépare le
bord externe du troisième prolongement latéral du bord externe du premier article coxal immédiatement opposé ; en outre, la plus grande largeur
du disque central n'égale pas la moitié de la plus grande largeur du tronc.
Dans la *D. australis*, la longueur totale du tronc et du céphalon est relativement plus réduite, tandis que la grande largeur du disque égale sensiblement la moitié de la plus grande largeur du tronc. Au reste, les prolongements latéraux sont à peu près identiques dans les deux espèces ; s'ils
présentent dorsalement d'assez nombreuses saillies spiniformes dans la
D. australis décrite par M. Hodgson, ils en sont dépourvus dans l'exemplaire des Orcades et en présentent un très petit nombre dans le type de

la *D. antarctica*. Les mêmes variations se manifestent dans les restes de
la segmentation du tronc ; les sillons transversaux segmentaires sont très
nets dans le type de *D. australis* figuré par Eights et dans celui de
M. Hodgson ; ils n'apparaissent que du côté ventral dans l'exemplaire
des Orcades et sont à peu près totalement indistincts sur les deux faces
dans la *D. antarctica*.

L'ABDOMEN atteint, chez les deux espèces, le milieu du deuxième article
coxal des pattes postérieures. Dans la *D. antarctica*, il est à peine dilaté en
arrière et présente en avant une articulation basilaire peu apparente,
mais encore mobile. Cette articulation est beaucoup plus nette dans la
D. australis, où, d'ailleurs, l'abdomen est plus nettement dilaté en arrière,
surtout dans le type figuré par Eights.

Appendices du céphalon. — Les CHÉLICÈRES (fig. 1) se composent de quatre
articles, soit un scape basilaire et une pince terminale, ces deux parties
étant l'une et l'autre biarticulées. Dans les deux espèces, le premier article
du scape est beaucoup plus long que le second ; les doigts sont courbes
et séparés par une large hiatus, la portion palmaire de la pince étant
bien moins longue que les doigts ; au surplus, les chélicères de la
D. antarctica (Pl. II, fig. 4) sont plus longues et plus grêles que celles de la
D. australis (Pl. II, fig. 9) et d'ailleurs terminées par une pince assez
différente.

Dans la *D. antarctica*, en effet, le premier article du scape atteint
presque le bord distal du troisième article coxal des pattes antérieures ;
il égale juste la longueur du tronc, et sa largeur maxima ne vaut pas tout
à fait le cinquième de sa propre longueur ; en outre, dans la même espèce,
les pinces ont les doigts peu arqués, le hiatus médiocre et la portion
palmaire assez longue, le bord antérieur de cette région égalant à peu
près le tiers de la longueur totale de la pince. Dans la *D. australis*, par
contre, le premier article du scape dépasse à peine le bord proximal du
troisième article coxal des pattes antérieures ; il égale au plus les deux
tiers de la longueur du tronc, et sa largeur maxima équivaut à très peu
près au tiers de sa propre longueur ; au reste, les pinces sont remarquables par leurs doigts extrêmement arqués, par leur très large hiatus
et par la brièveté de leur portion palmaire, dont le bord antérieur égale

environ le quart de la longeur totale de l'organe. J'ajoute que, dans la *D. australis*, la pince est à peu près aussi longue que le premier article du scape, tandis qu'elle n'en égale pas tout à fait la moitié dans la *D. antarctica*.

Les PALPES de la *D. antarctica* (Pl. II, fig. 3) se composent de 9 articles, dont les rapports et la dimension relative sont indiqués dans la figure 3 de la Planche II; le troisième article est le plus long, le cinquième est un peu plus court et plus fort, les quatre derniers sont subégaux, l'antépénultième, toutefois, étant légèrement plus long que les autres. Il en est à très peu près de même dans la *D. australis*; mais les palpes de cette espèce présentent un dixième article, qui est légèrement plus long et un peu moins large que les trois précédents.

Les OVIGÈRES sont à peu près identiques dans les deux espèces, avec leurs trois articles basilaires fort réduits (Pl. II, fig. 2 et 7), leur quatrième article très développé. mais pourtant un peu moins long que le sixième, leurs quatre derniers articles subégaux, légèrement recourbés et formant par leur ensemble une sorte de crosse presque fermée, les larges et courtes épines qui forment pour le moins trois rangées longitudinales sur le bord interne de ces articles, enfin la puissante griffe courbe qui occupe la partie distale de l'organe. Les épines de la crosse terminale sont des protubérances chitineuses, articulées à leur base, où elles sont à peu près contiguës et infléchies en avant; dans le type de la *D. antarctica* (Pl. II, fig. 5), elles sont moins nombreuses, à raison d'une ou deux unités dans chaque série, que dans l'exemplaire de *D. australis* recueilli aux Orcades.

Pattes. — Les pattes de la *D. antarctica* sont fort longues (Pl. I, fig. 1), mais très sensiblement inégales; celles de la deuxième paire ont la prédominance sur toutes les autres; viennent ensuite, dans l'ordre de la longueur décroissante, celles de la troisième paire, de la quatrième, de la première et enfin de la cinquième; c'est par suite d'une erreur de mensuration que j'ai attribué antérieurement la plus grande longueur aux pattes de la troisième paire (**1906**, 17). Les pattes sont relativement plus courtes et plus fortes dans la *D. australis*.

Les TROIS ARTICLES COXAUX sont courts et subégaux, celui du milieu étant

toutefois légèrement plus long que les deux autres. Le *premier article*
présente distalement une paire de bourrelets transversaux bien isolés
l'un de l'autre sur la ligne médiane: ces bourrelets saillants existent
sur les deux faces, mais sont particulièrement développés du côté dorsal;
la dépression qui les sépare se prolonge par un sillon vers la base de
l'appendice. Dans la *D. australis* (Pl. II, fig. 6 et 7), ce sillon est au
contraire bien développé, surtout du côté ventral, où il traverse l'article
sur toute sa longueur. Au surplus, dans cette dernière espèce, tous les
articles coxaux sont beaucoup plus larges que longs et, d'une patte à
l'autre, à peu près contigus, tandis qu'ils sont à peine moins longs que
larges dans la *D. antarctica* (Pl. II, fig. 1 et 2) et par suite fortement
séparés les uns des autres. Cela suffit pour donner à chacune des deux
espèces un facies des plus typiques. M. Hodgson signale une épine courte
à l'extrémité distale des sillons dorsaux et ventraux de la *D. australis*;
cette épine n'est pas développée dans l'exemplaire des Orcades, et on
n'en trouve pas même la trace dans le type de la *D. antarctica*.

Ce dernier exemplaire présente un orifice sexuel très apparent sur le
deuxième article coxal de
toutes les pattes ; cet orifice est situé sur la face
inférieure de l'article, un
peu au delà du milieu,
où il apparaît sous la
forme d'une fente ovale

Fig. 2. — *Decolopoda antarctica* Bouv. — Deuxième patte
droite, face postérieure. Réd. de 1/3.

assez grande et inclinée en arrière par rapport au grand axe de
l'appendice (Pl. II, fig. 2). Dans la *D. australis* des Orcades, on
trouve également un orifice sexuel sur la face inférieure du deuxième
article coxal de toutes les pattes (Pl. II, fig. 7) ; mais cet orifice a des
dimensions très réduites, une forme presque circulaire, et se trouve
à l'extrémité distale de l'article, sur le bord arrondi par lequel ce dernier
article va se rattacher au troisième. Étant données les intéressantes
observations de M. Hodgson (**1905**[c], 255), on sait aujourd'hui que les
sexes de la *D. australis* (comme aussi des *Colossendeis*) se distinguent par
des différences de cette sorte, et qu'il faut considérer comme des mâles les

individus à petit orifice distal et comme des femelles ceux à grand orifice sub-médian. Le type de la *D. antarctica* est donc une femelle, tandis que notre *D. australis* de l'île Laurie est un mâle.

Le FÉMUR (fig. 2 du texte, fig. 1 de la Pl. I) présente, dans les deux espèces, un petit nombre de soies spiniformes sur son bord distal ; ces soies sont aisément caduques, et souvent on n'en voit que la base, aussi bien dans la *D. australis* (exemplaire de l'île Laurie) que dans la *D. antarctica*. D'ailleurs, cette dernière espèce présente du côté dorsal quelques soies analogues, dont on ne trouve aucune trace dans la *D. australis*.

Le PREMIER ARTICLE TIBIAL de la *D. antarctica* présente, du côté dorsal, une rangée de soies spiniformes assez nombreuses et, sur son bord antérieur, quelques soies plus réduites ; il est d'ailleurs beaucoup plus court que le DEUXIÈME ARTICLE TIBIAL, lequel est totalement inerme, sauf sur sa face ventrale, où il présente en avant une très faible soie et, sur son bord antérieur, où se trouve un groupe de soies spiniformes beaucoup plus longues et plus fortes. Dans la *D. australis*, le premier article tibial ne présente pas de soie et, d'après M. Hodgson, serait à peine plus court (*a trifle shorter*) que le suivant.

Les deux derniers articles paraissent également beaucoup plus inégaux dans notre espèce, le TARSE y étant d'un tiers plus allongé que le PROPODE. Tarse et propode sont dorsalement inermes, mais ils présentent l'un et l'autre ventralement une série longitudinale de deux fortes soies spiniformes. Au bord inférieur antéro-distal du tarse, on voit une rangée de trois soies spiniformes plus fortes encore et, au bord correspondant du propode, un groupe de deux soies analogues. La GRIFFE est aiguë, arquée et un peu plus courte que le propode. D'après M. Hodgson, les tarses et le propode de la *D. australis* ne présenteraient pas d'autre armature que les soies du bord inféro-distal, et ces soies seraient toujours au nombre d'une paire.

La coloration du type de la *D. antarctica*, conservé dans l'alcool, est le brun clair légèrement olivâtre, moins accentué au bout de la trompe et des palpes, plus foncé et tirant au noir sur le tarse, le propode et la griffe. La ligne latérale (fig. 2) noirâtre est représentée sur les deux faces de chaque patte. Elle apparaît à peine sur le premier article coxal, où elle se déplace et occupe l'axe médian du côté dorsal comme du côté ventral; elle est déjà latéralement située sur les deux articles suivants sans présenter encore sa netteté définitive et en décrivant une forte courbe à convexité ventrale. Sur les autres articles, elle est très apparente et rigoureusement rectiligne; on n'en trouve aucune trace sur les griffes.

D'après M. Hodgson, les exemplaires de *D. australis* conservés dans l'alcool sont de couleur variable, tantôt d'une teinte paille clair, tantôt d'un riche brun-olive, les extrémités des palpes, des chélicères et de la trompe étant plus foncées. Eights décrit l'animal vivant comme rouge écarlate, et M. Hodgson (**1905**ᵃ, 38) tantôt de cette couleur, tantôt d'un rouge foncé avec la trompe presque noire.

Les dimensions des deux espèces sont relevées dans le tableau de la page suivante.

En résumé, la *D. antarctica* se distingue de la *D. australis* :

1° Par la structure de ses palpes, qui ont 9 articles au lieu de 10;

2° Par la dimension du tronc, qui est plus allongé et plus étroit, le rapport de la largeur à la longueur étant de 0,83 au lieu de 0,76;

3° Par le développement beaucoup plus grand des pattes, celles de la deuxième paire égalant plus de douze fois la largeur maxima du tronc, au lieu de huit à neuf fois comme dans la *D. australis*;

4° Par la longueur et la gracilité plus grandes du premier article des chélicères, cet article égalant les 48 centièmes de la longueur du corps sans la trompe et étant à peu près six fois plus long que large; tandis que, dans la *D. australis*, il est à peine trois fois aussi long que large et n'égale guère que les 30 centièmes de la longueur du tronc;

5° Par la forme des pinces des chélicères, qui ont une portion palmaire assez longue et des doigts médiocrement arqués, tandis que la portion palmaire est courte dans la *D. australis*, où elle se termine par des doigts fortement infléchis en arceau demi-circulaire;

6° Par le développement de la trompe, qui est bien plus longue (les 91 centièmes de la longueur du corps au lieu de 75 centièmes) et notablement plus étroite;

7° Par le très grand développement du tubercule oculaire, qui est plus

	DECOLOPODA AUSTRALIS.		DECOLOPODA ANTARCTICA.
	Figuré par M. Hodgson.	Capturé aux Orcades.	
	Millim.	Millim.	Millim.
Longueur totale du corps (sans la trompe)..	16,0	14,0	18,6
— du tronc	6,8	6,3	9,0
Largeur maxima du tronc	10,2	8,4	10,8
— — du disque central	5,2	4,2	4,6
Longueur du céphalon	3,4	3,2	3,6
Largeur —	5,0	4,7	5,0
— du tubercule oculaire	1,6	1,4	2,7
Longueur de la trompe	11,0	10,6	17,0
Largeur maxima de la trompe	3,5 (appr.)	3,0	4,0
Longueur du 1er article des chélicères	5,7	4,2	8,9
Largeur distale	1,6	1,7	1,4
Patte I. { Longueur des trois coxa	8,3	6,6	9,0
— du fémur	17,0	14,2	25,0
— du tibia 1	17,0 } 82,2	16,0	27,0 } 129,0
— du tibia 2	19,0	16,9	32,5
— des trois derniers articles..	21,0	»	35,5
Patte II. { Longueur des trois coxa	8,3	7,0	10,7
— du fémur	19,3	15,8	26,6
— du tibia 1	19,3 } 88,0	»	28,4 } 135,8
— du tibia 2	20,1	»	33,7
— des trois derniers articles..	21,0	»	36,4
Patte III. { Longueur des trois coxa	8,4	7,0	10,2
— du fémur	18,3	15,1	26,0
— du tibia 1	19,8 } 87,5	»	27,5 } 132,0
— du tibia 2	20,0	»	33,0
— des trois derniers articles..	21,0	»	35,3
Patte IV. { Longueur des trois coxa	8,3	7,0	9,5
— du fémur,	18,2	15,1	25,6
— du tibia 1	18,0 } 85,4	»	27,0 } 129,6
— du tibia 2	19,9	»	32,7
— des trois derniers articles..	21,0	»	34,8
Patte V. { Longueur des trois coxa	7,6	6,7	9,8
— du fémur	16,7	14,1	23,7
— du tibia 1	17,6 } 82,0	»	25,5 } 123,2
— du tibia 2	19,0	»	31,0
— des trois derniers articles.	21,0	»	33,2

large que la moitié du céphalon, tandis qu'il est bien plus étroit dans la
D. australis ;

8° Par la plus grande longueur du deuxième article tibial ;

9° Par les soies spiniformes, qui sont bien moins nombreuses sur le tronc et bien plus sur les pattes ;

10° Par de nombreux caractères moins importants, qui ont été signalés plus haut.

HABITAT. — N° 254, 4 avril 1904, 40 mètres. Exemplaire type, pris au filet à Port-Charcot, par 64° longitude ouest et 65° latitude sud.

La *D. australis* a été trouvée plus à l'est et un peu plus loin du pôle : aux Shetland du Sud (exemplaires d'Eights), c'est-à-dire par environ 60° longitude ouest et 63° latitude sud, et aux Orcades (Orkneys) du Sud, qui sont situées vers 45° longitude ouest et 61° latitude sud (exemplaires de l'Expédition écossaise antarctique pris à Scotia Bay par 9 à 10 brasses; spécimen de M. Lahille capturé à l'île Laurie).

Famille des **NYMPHONIDÆ** P.-P.-C. Hoek.

Les Nymphonidés sont représentés par les quatre genres *Pentanymphon* Hodgson, *Nymphon* Fabr., *Chæonymphon* Sars et *Boreonymphon* Sars, tous caractérisés par des palpes à 5 articles, des ovigères à 10 articles, dont les quatre derniers sont munis d'épines denticulées et de griffes auxiliaires plus ou moins fortes à l'extrémité des pattes. Ils s'éloignent à tous ces points du genre *Paranymphon* Caullery, qu'on rattache pourtant à la même famille, encore qu'il présente, d'après M. Meinert (1), des palpes de 7 articles, des ovigères de 8 articles, dont l'armature se réduit à quelques simples épines disposées sans ordre, enfin un propode dépourvu de griffes auxiliaires.

Avec les articulations généralement très nettes et mobiles de leurs somites pédifères, le développement de leur tarse et la structure complexe de leurs ovigères, ils peuvent passer à bon droit pour des Pycnogonomorphes assez primitifs, mais leur évolution se manifeste déjà par la réduction des chélicères à trois articles, par la disparition des pores sexuels sur les pattes antérieures des mâles, par le développement de griffes auxiliaires et par les variations de longueur considérables que présente le tarse ; chez les *Nymphon*, ce dernier est souvent plus long que le propode, tandis qu'il est beaucoup plus court dans les *Boreonymphon*.

(1) F. MEINERT, *loc. cit.*, p. 46.

PENTANYMPHON T.-V. Hodgson.

En faisant connaître cette curieuse forme, M. Hodgson (**1904**, 459) a justement fait observer « que le caractère important qui la distingue du genre *Nymphon* est la présence d'une cinquième paire de pattes ». Cette observation reste parfaitement juste, tous les autres caractères du genre étant ceux des *Nymphon* : doigts des chélicères finement denticulés, corps grêle et nu avec des somites bien articulés, tarses de longueur assez considérable.

Ce dernier caractère présente pourtant quelques variations. Dans les vingt-huit spécimens types de *Pentanymphon antarcticum* Hodgson capturés par la « Discovery » dans la baie Mac-Murdo, le tarse est manifestement plus long que le propode, tandis qu'il est à peu près de même longueur, d'après M. Hodgson (**1905**ᵃ, 35), dans un exemplaire recueilli aux Orcades du Sud par l'Expédition antarctique écossaise, et presque toujours notablement plus court dans les spécimens pris par le « Français » à l'île Booth-Wandel. Peut-être se trouve-t-on en présence d'une nouvelle espèce ? Mais le caractère présentant quelque variation chez ces derniers spécimens, il convient de rester dans l'expectative en attendant de nouveaux matériaux.

Quoi qu'il en soit, le genre *Pentanymphon* est, de tous les Pycnogonomorphes, le plus voisin de la forme ancestrale, bien que ses palpes soient réduits à cinq articles, ses chélicères à trois, et bien que les pattes y présentent des griffes auxiliaires.

Par ces trois caractères, il se montre moins primitif que le genre *Decolopoda*, mais il l'est davantage par l'articulation mobile très nette que présentent entre eux ses somites pédifères.

Les deux genres paraissent d'ailleurs localisés dans les mers antarctiques.

Pentanymphon antarcticum T.-V. Hodgson.
(Fig. 3-6 du texte.)

1904. *Pentanymphon antarcticum* T.-V. Hodgson, *Ann. and Mag. Nat. Hist.*, (7), vol. XIV, p. 459, et Pl. XIV.
1905. *Pentanymphon antarcticum* L.-J. Cole, *Ann. and Mag. Nat. Hist.*, (7), vol. XV, p. 405.

1906. *Pentanymphon antarcticum* E.-L. Bouvier, *C. R. Acad. des sciences*, t. CXLII, p. 18.
1907. *Pentanymphon antarcticum* T.-V. Hodgson, Pycnogonida (Discovery), p. 28-30,
    Pl. V.

Cette très curieuse espèce est représentée dans la collection par trois exemplaires, qui ressemblent, presque à tous égards, au type figuré et décrit par M. Hodgson.

HABITAT. — N° 115, 15 mars 1904, 20 mètres, île Booth-Wandel. — Un exemplaire dont la longueur totale du corps (trompe y compris) mesure 5ᵐᵐ,5. Cet exemplaire n'est pas moins richement muni de soies et de poils que le type figuré par M. Hodgson en 1905, et les quatre derniers articles de ses palpes sont même plus fortement et plus longuement pileux. Quelques caractères essentiels distinguent pourtant du type cet exemplaire : ainsi le cinquième article des ovigères n'est pas sensiblement plus long que le quatrième (il l'est beaucoup plus dans le type), et, dans toutes les pattes, le tarse est parfois plus court d'un quart que le propodite (tandis qu'il est au contraire plus long d'autant dans le spécimen figuré par M. Hodgson) ; au surplus, les pattes sont relativement plus courtes que dans le type. Peut-être ces différences sont-elles dues à la taille médiocre du spécimen, qui n'est pourtant plus un immature, puisque les ovigères y sont bien développés. Je n'ai pu apercevoir les orifices sexuels.

N° 116, 15 mars 1904, 20 mètres, île Booth-Wandel, Port-Charcot. — Un exemplaire plus petit que le précédent (4 millimètres) et présentant les mêmes caractères ; il est toutefois un peu moins riche en poils, et le cinquième article de ses ovigères dépasse notablement en longueur le quatrième.

N° 669, 8 novembre 1904, île Booth-Wandel. — Un exemplaire de grande taille (10 millimètres) pris à marée basse sur les galets de la plage. Ce spécimen me paraît être une femelle à cause de ses fémurs un peu renflés ; il est d'ailleurs beaucoup moins riche en soies que les précédents. Ses ovigères (fig. 3) diffèrent de ceux du type par le moindre allongement de leur cinquième article et par l'armature de leurs épines marginales (fig. 4), qui portent trois ou quatre paires seulement de denticules latéraux et ne s'atténuent pas en pointes dès leur base. Le tarse est quelquefois égal au propodite, rarement à peine plus long (fig. 6), souvent un peu plus court. Des orifices sexuels près de l'extrémité distale de la deuxième coxa.

Distribution. — Les premiers exemplaires de cette curieuse espèce, au nombre d'une trentaine, furent capturés par la « Discovery » dans ses quartiers

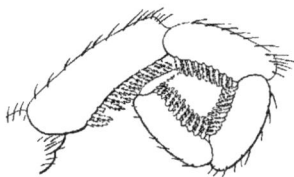

Fig. 3. — *Pentanymphon antarcticum* Hodgson. — Extrémité d'un ovigère. Gr. 30.

Fig. 4. — *Pentanymphon antarcticum* Hodgson. — Une épine denticulée du même ovigère. Gr. 282.

Fig. 5. — *Pentanymphon antarcticum* Hodgson — Griffe terminale du même ovigère. Gr. 96.

d'hiver de la baie de Mac-Murdo ; soit à peu près par 78° latitude sud et 168° longitude est. On sait par M. Hodgson (**1905**ᵃ, 35) qu'un autre exemplaire, probablement de même espèce (1), a été capturé au cours de l'Expédition antarctique écossaise, près des Orcades du Sud (45° longitude ouest, 61° latitude sud), c'est-à-dire dans une région antarctique opposée à la précédente. Enfin les exemplaires du « Français » proviennent de l'île Booth-Wandel, qui se trouve par 64° longitude ouest et 65° latitude sud. Il n'est donc pas exagéré de dire que le *Pentanymphon antarcticum* est répandu partout dans les mers qui avoisinent le pôle Sud.

Fig. 6. — *Pentanymphon antarcticum* Hodgson. — Extrémité de la deuxième patte gauche, vue de côté. Gr. 13.

D'après M. Hodgson, les exemplaires de la « Discovery » furent capturés entre 12 et 125 brasses de profondeur ; mais les récoltes de M. Charcot montrent que l'espèce peut remonter jusqu'à la côte.

(1) Cet exemplaire n'est pas sans ressembler beaucoup à ceux recueillis par la Mission Charcot. D'après M. Hodgson, en effet, il se distingue du *P. antarcticum* par ses appendices ambulatoires plus courts et par les dimensions relatives des tarses et des propodes, qui sont de longueurs variables, mais d'ailleurs subégaux. Ces caractères ne sont pas d'une constance absolue, et c'est pourquoi je n'ai pas attribué les spécimens du « Français » à une espèce nouvelle.

Famille des **PALLENIDÆ** P.-P.-C. Hock.

Les *Pallenidæ* sont des Pycnogonomorphes euchélates qui dérivent vraisemblablement des Nymphonides par atrophie plus ou moins complète des palpes. Certains d'entre eux ont des ovigères à griffe terminale comme les Nymphonides, et c'est précisément le cas du genre *Cordylochele* qui représente à lui seul la famille dans les collections du « Français ».

CORDYLOCHELE G.-O. Sars.

Le genre *Cordylochele* comprenait jusqu'ici un petit nombre d'espèces, *C. malleolata* Sars, *C. longicollis* Sars et *C. brevicollis* Sars, toutes trois propres aux régions boréales. Il compte aujourd'hui un quatrième représentant, le *C. Turqueti*, découvert par le « Français » dans les mers australes.

Cordylochele Turqueti E.-L. Bouvier.
(Voir les fig. 1 et 2 de la Pl. III, et dans le texte, les fig. 7-18bis).

1905. *Cordylochele Turqueti* E.-L. Bouvier, *Bull. du Muséum*, 1905, p. 297.
1906. *Cordylochele Turqueti* E.-L. Bouvier, *C. R. Acad. des sciences*, t. CXLII, p. 18.

Le corps. — Le *céphalon* (fig. 7, 8, 10) est très dilaté latéralement dans sa partie antérieure, où il est beaucoup plus large que la partie centrale des segments du tronc et où il présente dorsalement une

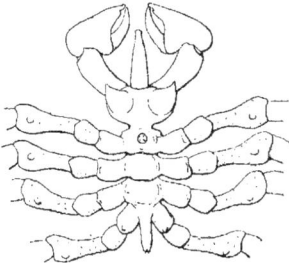

Fig. 7 et 8. — *Cordylochele Turqueti* Bouv. — Le corps, les chélicères et la base des pattes, vus du côté dorsal (fig. 7, à gauche) et du côté droit (fig. 8, à droite). Gr. 4 2/3.

paire de hautes saillies coniques. Ces saillies sont un des caractères les plus frappants de l'espèce : elles se rattachent au céphalon par une très large base et se prolongent au sommet en une courte pointe aiguë (fig. 9) ;

leur bord externe est vertical, et leurs bords internes dessinent une courbe demi-circulaire; elles sont à peine inclinées en avant; la distance qui

sépare leur pointe de la face supérieure correspondante du céphalon est à peu près égale à la distance de leurs deux pointes.

En arrière des saillies coniques, le céphalon se rétrécit en un étroit col, puis s'élargit pour se confondre avec le premier segment du tronc. Il n'est

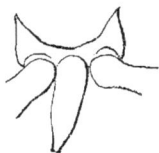

Fig. 9. — *Cordylochele Turqueti* Bouv. — Le front vu de face, avec la trompe en raccourci et l'origine des chélicères. Gr. 7.

pas possible de séparer ces deux parties du corps; même ici l'on pourrait croire que le *tubercule oculaire* est une dépendance du premier segment,

car il se trouve compris entre les prolongements latéraux de ce dernier, au niveau, il est vrai, de leur moitié antérieure. Ce tubercule est d'ailleurs réduit, peu élevé et arrondi au sommet; il porte quatre yeux (fig. 11), dont les deux antérieurs sont plus grands et plus rapprochés que les autres.

La *trompe* (fig. 7, 9, 10) est assez obliquement inclinée sur l'axe longitudinal du corps; elle atteint presque le milieu du doigt mobile des chélicères et égale sensiblement en longueur la distance qui sépare le bord postérieur du tubercule oculaire de l'extrémité de l'abdomen; elle a une insertion ventrale au-dessous de la

Fig. 10. — *Cordylochele Turqueti* Bouv. — Extrémité buccale de la trompe. Gr. 46.

base des chélicères; son contour est arrondi. Sur au moins toute la longueur de ses deux tiers proximaux, elle s'atténue très légèrement à partir de la base; ensuite elle se rétrécit progressivement davantage, si bien que son tiers terminal figure manifestement un tronc de cône à sommet rétréci. Ce sommet (fig. 10) présente un contour en forme de triangle obtus; sa surface est irrégulière, mais ne présente aucune soie, même examiné à de forts grossissements du microscope.

Fig. 11. — *Cordylochele Turqueti* Bouv. — Position des yeux sur le tubercule, vue d'en haut. Schéma.

Le *tronc* (fig. 7, 8) est plutôt robuste avec des prolongements latéraux séparés et à peu près aussi longs que sa propre largeur; les segments y sont bien distincts, obtusément arrondis en arrière et dépourvus de saillie médiane dorsale; le sillon qui les

sépare les uns des autres en arrière est toujours apparent du côté
ventral, tandis que, du côté dorsal, il n'existe pas entre les troisième et
quatrième segments. Les prolongements latéraux se dilatent un peu dans
leur partie terminale; ils présentent dorsalement, près de leur bord
externe, un léger tubercule conique perpendiculaire à leur grand axe.

L'*abdomen* (fig. 7, 8) est sensiblement dirigé suivant l'axe du corps;
un peu plus long que les prolongements latéraux, il est à peu près cylindrique, sauf dans sa partie distale où il s'atténue assez rapidement en
cône.

Sur toutes les parties du corps, les téguments sont glabres et dépourvus
d'aspérités.

Appendices du céphalon. — Les *chélicères* (fig. 7, 8, 12, 13 et 14) sont un
peu moins inclinées que la trompe; elles se
composent d'un scape et d'une pince dont
les bords internes forment entre eux un
angle presque droit. Le scape est à sa base
presque aussi large que la trompe, et
beaucoup plus à son extrémité distale; il
n'atteint pas la longueur des pinces et
paraît complètement dépourvu de soies.
Les pinces présentent d'abord une partie
basilaire située dans le prolongement du
scape, mais un peu plus large; elles s'élar-
gissent ensuite beaucoup pour former le
reste de la portion palmaire, qui s'incline
alors de haut en bas et d'arrière en avant.
La pince atteint son maximum de largeur
au niveau de la base des doigts; ces derniers sont séparés par un large hiatus et très

Fig. 12, 13, 14. — *Cordylochele Turqueti* Bouv. — Chélicère droite vue
par la face inférieure (fig. 12, à gauche) et par la face supéro-interne
(fig. 13, à droite), Gr. 7; en haut
(fig. 14), extrémité très grossie de
la même chélicère, face inférieure.

subaigus à leur pointe, qui est roussâtre. Le doigt immobile (fig. 14)
présente en dessus quelques courtes soies éparses, comme les parties
avoisinantes de la portion palmaire; sur son bord interne, il est muni de
deux dents tronquées, l'une petite et subterminale, l'autre plus longue,
plus saillante et située plus en arrière. Le doigt mobile est inerme,

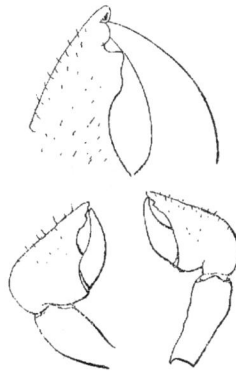

au moins aussi long que la portion palmaire et mobile dans le plan même de la pince, c'est-à-dire de dehors en dedans et de haut en bas.

Les *palpes* n'existent pas ; on ne peut même pas en apercevoir la trace du côté ventral, au-dessous et en dehors des chélicères.

Les *ovigères* (fig. 15, 16) prennent naissance sur la face ventrale et dans la partie postérieure du céphalon, au bord inférieur d'une paire de saillies qui délimitent très nettement le cou ; juste en arrière de ces saillies, on observe un sillon transversal assez net, qui, du côté ventral, sépare le céphalon du premier segment. Les ovigères du mâle adulte que nous étudions se composent de dix articles dont les quatre derniers sont un peu courbes, subégaux, réunis en faucille et munis chacun, sur leur bord interne, de 18 à 21 épines, qui sont obtuses au sommet, un peu crénelées à la base et plus loin à bords finement striés en éventail (fig. 17); sur l'article terminal, qui finit par une griffe, les épines distales sont plus longues que les autres et présentent une pointe subaiguë (fig. 16). Le premier article des ovigères est très court ; le deuxième l'est moins ; le troisième dépasse notablement en longueur le précédent et très peu l'un quelconque des articles terminaux ; le quatrième article égale à peu près en longueur les articles 1, 2 et 3 réunis ; le cinquième est un peu courbe comme le précédent et à peine plus long ; le sixième est un peu plus

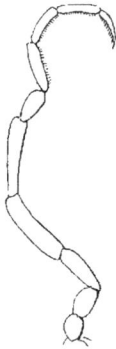

Fig. 15. — *Cordylochele Turqueti* Bouv. — Ovigère droit vu de côté. Gr. 5 1/2.

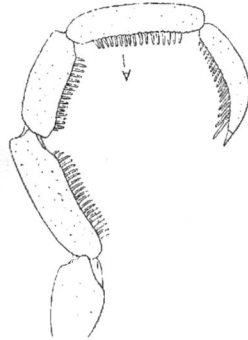

Fig. 16. — *Cordylochele Turqueti* Bouv. — Extrémité du même ovigère vu de côté et plus grossi.

Fig. 17. — *Cordylochele Turqueti* Bouv. — Une épine denticulée de l'avant-dernier article de l'ovigère. Gr. 282

court que le troisième. Tous ces articles sont dépourvus de soie.

Pattes. — Je n'ai pas mesuré comparativement les pattes des différentes paires, mais il m'a paru que les postérieures étaient un peu plus
courtes que les autres. D'ailleurs
toutes (fig. 18) sont assez longues, plutôt grêles et munies
de très petites saillies aiguës ou
subaiguës qui portent souvent
une soie fort brève ; ces saillies
sont peu nombreuses sur les
articles coxaux, où elles se présentent surtout du côté dorsal ;

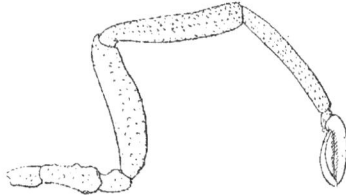

Fig. 18. — *Cordylochele Turqueti* Bouv. — Première patte
droite, face postérieure. Gr. 4 2/3.

elles le sont davantage sur le fémur et bien plus encore sur les deux
tibias, où la plupart se groupent plus ou moins distinctement en séries
longitudinales. Les saillies manquent sur les deux
articles terminaux, dont les faces supérieures et
latérales présentent d'ailleurs (fig. 18ᵇⁱˢ) quelques
soies rares et courtes ; sur le bord inférieur des
mêmes appendices, on trouve des soies abondantes
et beaucoup plus longues, qui font complètement
défaut sur toute la longueur des griffes.

Le second article coxal est à peu près aussi long
que les deux autres pris ensemble ; il se dilate
fortement en massue dans sa partie externe et présente dorsalement, à l'origine de son tiers terminal,
un tubercule arrondi beaucoup plus grand que les
saillies avoisinantes ; on observe sur sa face ventrale,
tout près du bord externe, un large pore génital, qui
est également bien développé sur toutes les pattes.

Fig. 18 bis. — *Cordylochele
Turqueti* Bouv. — Tarse,
propode et griffe de la
même patte, face anté-
rieure. Gr. 23.

Le fémur est un peu plus long que les tibias, lesquels sont subégaux et, à leur tour, un peu plus
allongés que les trois articles coxaux réunis ; on
observe quelques saillies plus fortes et presque spiniformes sur le bord
inférieur du fémur. La griffe égale au moins les trois quarts du propode.

Les dimensions de l'exemplaire type sont les suivantes :

	Millim.
Longueur totale du corps, sans la trompe	6,0
Largeur maxima (au niveau des pattes 2)	4,1
Distance des pointes des deux cornes du céphalon	2,8
Longueur de la trompe	4,0
— dorsale du scape de la chélicère droite	2,6
— — de la pince	3,4
— totale des trois articles coxaux (troisième patte)	5,0
— du fémur	6,0
— du premier tibia	5,5
— du deuxième tibia	5,3
— du tarse et du propode	3,2
— du doigt	2,4

HABITAT. — Port-Charcot. L'exemplaire type ci-dessus décrit.

Affinités. — Cette espèce est une forme de passage entre les *Cordylochele* G.-O. Sars et les *Pseudopallene* E.-B. Wilson ; elle ressemble aux espèces du premier genre par son corps dépourvu d'épines et par les lèvres non sétifères de sa trompe ; elle tient du second par les saillies de ses appendices ambulatoires et par la direction de sa trompe, qui est obliquement inclinée vers le bas. Au surplus, ses saillies appendiculaires sont réduites et non comparables à de vraies épines, ce qui indique encore une transition entre les deux genres.

A ces divers points de vue, notre espèce ressemble bien moins aux *Cordylochele*, dont toutes les espèces connues sont propres aux régions boréales, qu'à la *Pseudopallene cornigera* Möbius découverte par la « Valdivia » sur les côtes de l'île Bouvet, dans les régions antarctiques. Les différences qui distinguent le *C. Turqueti* de cette espèce, telle qu'elle a été décrite par M. Möbius (**1902**, 186), sont pourtant assez nombreuses : 1° la trompe n'est point franchement conique depuis la base, mais en forme de cylindre sur une grande partie de sa longueur, et ensuite fortement atténuée ; au surplus, elle ne présente pas, dans sa région labiale, les soies caractéristiques des *Pseudopallene* ; 2° ses deux cônes céphaliques sont plus profondément séparés ; ils ne s'inclinent pas en avant et se terminent par des pointes beaucoup plus courtes ; 3° il n'y a pas d'éperons à l'extrémité des prolongements latéraux, qui sont simplement pourvus d'une légère saillie dorsale ; 4° l'abdomen n'est pas

en massue et ne se relève pas sensiblement; 5° le doigt fixe des chélicères porte deux dents au lieu d'une seule ; 6° le cinquième article des
ovigères n'est pas beaucoup plus long que la quatrième, et le dernier
article de ces appendices, au lieu de se terminer par un bout obtus, se
réduit peu à peu et se continue par toutes les transitions avec la griffe
terminale ; 7° le premier article tibial des pattes, au lieu d'être plus court
que le suivant, est légèrement plus long ; 8° les épines des ovigères sont
plutôt striées que distinctement denticulées.

La *Pseudopallene cornigera* a été retrouvée par la « Discovery » dans
les régions antarctiques; les spécimens qui proviennent de cette nouvelle
source viennent d'être décrits (**1907**) par M. Hodgson (1).

Famille des **AMMOTHEIDÆ** A. Dohrn.

Les Ammothéides sont des Pycnogonomorphes cryptochélates, chez
lesquels on voit les chélicères s'atrophier peu à peu et parfois même se
réduire à un simple bourgeon (*Trygeus*), ou à un rudiment presque invi-
sible (*Clothenia*) et parfois même disparaître (*Discourachne*) ; plus ou
moins parallèlement se réduisent les palpes, dont le nombre des articles
peut varier de 9 à 4, et les ovigères, qui ont de 7 à 10 articles.
Ce sont donc, à beaucoup d'égards, les plus modifiés des Cryptochélates,
d'autant qu'ils présentent des griffes auxiliaires, des tarses courts et des
propodes arqués, ce qui les éloigne encore davantage des Eurycidides,
c'est-à-dire des Cryptochélates les plus primitifs. Au surplus, ils semblent
se rattacher assez étroitement à ces derniers et, de même que les autres
Cryptochélates, dérivent de forme moins modifiées que les *Pentanymphon*.
Ces formes nous sont encore inconnues, mais devraient vraisemblablement
s'intercaler entre ce dernier genre et le type ancestral de la sous-classe.
Ainsi se justifie, à notre sens, le groupe des Pycnogonomorphes cryptochélates.

Les Ammothéides recueillis par le « Français » sont représentés par
trois espèces qui appartiennent au genre *Ammothea*, et par deux espèces
du genre *Leionymphon*.

1) Dans la bonne épreuve de son travail, M. Hodgson identifie avec doute le *Cordylochele
Turqueti* avec la *Pseudopallene cornigera*. J'ai relevé ci-dessus les différences assez grandes qui
existent entre ces deux formes; il sera facile d'en relever d'autres en comparant mes figures avec
celles de M. Hodgson.

AMMOTHEA W.-E. Leach.

Les Ammothées se rangent parmi les formes les moins modifiées de la famille, parce que leurs chélicères présentent encore, chez l'adulte, un développement notable, de même que leurs palpes, qui ont de 7 à 9 articles, et les ovigères qui en ont 10.

Elles sont propres surtout à l'hémisphère du Nord; pourtant on en connaît quelques espèces au sud de l'Équateur (*A. Wilsoni* Schimk, *A. brevicauda* Loman), et M. Pfeffer en a même signalé une, l'*A. Hoeki* Pfeffer, dans les parages de la Géorgie du Sud. Cette dernière était jusqu'ici la seule Ammothée connue dans les régions antarctiques, mais le « Français » en a trouvé trois autres : l'*A. curculio*, l'*A. communis* et l'*A. affinis*, dont les caractères sont les suivants :

Ammothea curculio E.-L. Bouvier.
(Fig. 19-22 du texte.)

1906. *Ammothea curculio* E.-L. Bouvier, *C. R. Acad. des sciences*, t. CXLII, p. 20.

Cette espèce n'est représentée que par des exemplaires immatures, dont les chélicères sont encore en pinces, les palpes vraisemblablement imparfaits, les ovigères nuls ou à peine indiqués.

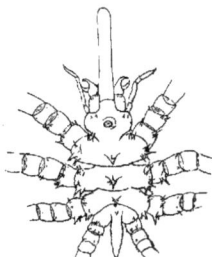

Fig. 19. — *Ammothea curculio* Bouv. — Le corps, les appendices céphaliques et la base des pattes, face dorsale. Gr. 10,

Dans l'exemplaire qui a été choisi comme type, le *céphalon* (fig. 19, 20, 21) se rétrécit et se prolonge entre les chélicères sous la forme d'une avance un peu infléchie ; il se dilate ensuite latéralement, puis se rétrécit de nouveau, formant un col assez large qui, du côté dorsal et du côté ventral, semble s'articuler avec le tronc. Du côté dorsal, il présente en son milieu un haut tubercule oculaire assez large qui s'élève verticalement, s'atténue peu à peu tout d'abord et se rétrécit brusquement en pointe au-dessus des yeux, qui ne paraissent guère distinctement séparés.

En avant du tubercule et en arrière des chélicères, on observe à droite et à gauche deux saillies spiniformes assez petites.

La *trompe* (fig. 19, 20, 21) s'articule par une large base sur la face ventrale du céphalon, un peu en arrière des chélicères ; elle se rétrécit progressivement jusqu'au niveau des pinces, puis devient subcylindrique et se termine par un bout obtus légèrement dilaté. Elle est un peu infléchie et recourbée vers le bas et à peu près aussi longue que le reste du corps ; dans la partie subcylindrique, son diamètre égale à peu près le dixième de la longueur totale.

Fig. 20. — *Ammothea curculio* Bouv. — Les parties de la figure précédente vues du côté gauche. Gr. 13.

Les segments du *tronc* (fig. 19, 20, 21) s'articulent fort nettement entre eux du côté dorsal ; il en est de même du côté ventral, au moins en ce qui concerne le segment moyen ; mais, de ce côté, l'articulation des deux segments postérieurs ne paraît guère distincte. Les prolongements latéraux sont larges, assez courts et diminuent de longueur du premier au dernier, comme les pattes qui leur font suite. C'est là, sans doute, le résultat d'une croissance encore incomplète. Les prolongements de la paire antérieure sont presque contigus au céphalon, mais ceux de la deuxième paire sont assez largement éloignés des prolongements qui les précèdent et qui les suivent ; par contre, les très courts prolongements postérieurs touchent ceux de la troisième paire, sauf à leur bord distal, où ils s'en écartent un peu.

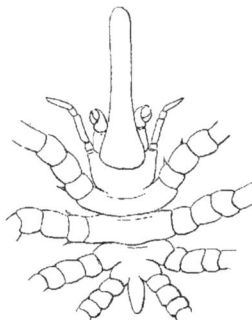

Fig. 21. — *Ammothea curculio* Bouv. Les mêmes parties vues du côté ventral. Gr. 13.

Du côté dorsal (fig. 19), ces prolongements présentent tous, à quelque distance de leur bord externe, une armature de fortes épines ; ces épines inégales sont au nombre de 2 ou 3 en avant et de 3 ou 4 en arrière dans les prolongements des deux paires antérieures ; il y en a 2 en avant et 2 ou 3 en arrière dans les prolongements de la troisième paire, mais je n'ai vu qu'une seule épine, d'ailleurs assez réduite, sur le prolongement postérieur. Ces différences

Expédition Charcot. — BOUVIER. — Pycnogonides. 6

doivent à coup sûr s'atténuer avec l'âge. Une saillie conique s'élève
au milieu de la face dorsale de chacun des segments (fig. 20). La saillie
du segment antérieur est assez élevée, un peu inclinée en arrière et
munie sur les flancs de quelques rudiments d'épines ; la saillie suivante est plus large et un peu plus haute, d'ailleurs presque verticale
et armée latéralement d'épines assez fortes ; la saillie du troisième segment ne le cède en rien à la précédente pour la hauteur, mais elle est
plus étroite, plus nettement acuminée et s'incline au surplus assez fortement en arrière, sa partie distale présentant sur les flancs quelques
fortes épines ; la saillie du segment postérieur est petite, inerme et fortement inclinée en arrière. La face ventrale (fig. 21) est égale, unie et
sans protubérance.

L'*abdomen* (fig. 19, 20, 21) est fusiforme et obliquement relevé ; il ne
semble pas s'articuler avec le dernier segment du tronc.

Les *chélicères* (fig. 19, 20, 21) se composent d'un fort article basilaire
et d'une pince bien formée. L'article basilaire est un peu plus long que
large et légèrement dilaté en avant ; il présente quelques faibles saillies
spiniformes près des bords externe et antérieur de sa face dorsale. La
pince est à peu près aussi longue et aussi large que l'article basilaire ; ses
doigts sont longs, courbes et séparés par un large hiatus.

Les *palpes* (fig. 19, 20, 21) ne paraissent pas avoir atteint leur complet
développement ; ils dépassent à peine les chélicères et se composent de
4 ou 5 articles, dont le deuxième est beaucoup plus long que les
autres.

Les *ovigères* ne sont pas encore indiqués.

J'ai dit plus haut que les pattes décroissent en longueur de la première
à la quatrième ; celles des trois paires antérieures paraissent bien
développées, mais les postérieures sont trop réduites pour qu'on puisse
croire qu'elles présentent leur forme et leur structure définitives. Dans les
pattes (fig. 22) des trois premières paires, le fémur et le premier tibia
sont à peu près d'égale longueur et aussi longs que les trois articles
coxaux réunis ; le deuxième tibia est notablement plus long, mais le tarse
est très court, et le propode égale à peu près en longueur les deux premiers articles coxaux. La griffe terminale mesure plus de la moitié

de la longueur du propode et dépasse d'au moins un tiers ses
deux griffes auxiliaires. Tous les articles des pattes sont armés d'épines ;
ces dernières sont assez fortes et au nombre de 3 ou 4 sur la première
coxa, où elles occupent le côté dorsal ; elles sont à peu près aussi nombreuses, mais plus réduites,
sur le deuxième article, et à
peine représentées par une ou
deux spinules sur le troisième.
Les épines sont bien plus nombreuses, et certaines sont plus

Fig. 22. — *Ammothea curculio* Bouv. — Deuxième patte
gauche vue un peu obliquement par sa face antérieure.
Gr. 13.

fortes sur les trois grands articles qui suivent ; elles deviennent particulièrement abondantes sur les deux tibias, où d'ailleurs beaucoup d'entre
elles se groupent en séries longitudinales ; partout, entre les grandes
épines, se trouvent des spinules et de faibles saillies aiguës. Ces
saillies existent seules sur le tarse et le propode, où elles sont accom-
pagnées de courtes soies et, sur le bord inférieur, de quelques forts
poils raides et spiniformes.

La longueur totale du corps, depuis le bout de la trompe jusqu'à
l'extrémité postérieure de l'abdomen, est de 4^{mm},5.

HABITAT, VARIATIONS. — N° 446, 29 avril 1904, île Booth-Wandel. — Deux
exemplaires immatures : le type décrit plus haut et un autre individu à
peu près identique, mais à pattes postérieures déjà plus longues ; le cinquième article des palpes y est bien distinct, d'ailleurs un peu plus court
que le quatrième. Ces deux exemplaires sont d'une étude difficile, toutes
les parties du corps, sauf la trompe, étant recouvertes de particules
étrangères et de microorganismes.

N° 318, 8 avril 1904, île Booth-Wandel, Port-Charcot, 40 mètres, sur
une Ascidie. — Jeune exemplaire presque aussi grand que les précédents,
mais beaucoup moins développé ; les pattes postérieures sont réduites
à de courts bourgeons indivis, un peu moins longs que l'abdomen ; les
pattes de la troisième paire sont encore petites et à peine plus longues
que la moitié des pattes antérieures ; ces dernières et les suivantes paraissent très normales, de même que la trompe. Les palpes atteignent à
peine l'extrémité des chélicères et ne comptent que quatre articles.

Les bourgeons appendiculaires postérieurs précèdent manifestement le segment auquel ils appartiennent; ils naissent au contact l'un de l'autre, du côté ventral, entre la base de l'abdomen et le bord contigu du troisième segment, qui est lui-même peu développé.

Affinités. — Cette espèce est tellement caractérisée par la forme de sa trompe et par ses saillies segmentaires dorsales qu'il est impossible de la mettre en comparaison avec les autres espèces d'Ammothées. On peut dire pourtant qu'elle se rapproche un peu, par son armature épineuse appendiculaire, de l'*A. echinata* Hodge et de l'*A. Hoeki* Pfeffer par la gracilité de sa trompe, qui, d'ailleurs, ne s'atténue pas en pointe comme dans cette dernière espèce. On sait que l'*A. echinata* est une espèce boréale, et que l'*A. Hoeki*, décrite par Pfeffer (**1889**, 48), appartient à la faune de la Géorgie du Sud. Il est possible que l'*A. curculio* doive prendre place dans le genre *Austrodecus*, récemment établi par M. Hodgson (**1907**, 40); elle présente, en effet, une troupe d'*Austrodecus*, mais l'espèce n'étant pas adulte, on ne peut en fixer avec précision les caractères génériques. En tout cas, l'*Ammothea curculio* diffère de l'*Austrodecus glaciale* Hodgson par sa trompe plus longue, son abdomen relevé, ses saillies dorsales épineuses et par la présence de fortes épines sur ses prolongements latéraux.

Ammothea communis E.-L. Bouvier.
(Voir la fig. 3 de la Pl. III, et, dans le texte, les fig. 23-32.)

1906. *Ammothea communis* E.-L. Bouvier, *C. R. Acad. des sciences*, t. CXLII, p. 20.

Le *céphalon* (fig. 23-27) est très développé en tous sens, plus large que long et pourtant à peu près aussi allongé que les deux segments postérieurs du tronc réunis. Son bord frontal est convexe en avant, et ses angles antérieurs font obliquement saillie en dehors, où ils se terminent en pointe obtuse; son extrémité postérieure est à peu près moitié moins large que son bord frontal tout entier. Un tubercule oculaire s'élève presque verticalement sur sa face dorsale (fig. 27), à une très faible distance du bord antérieur; d'un diamètre basilaire au moins égal au quart de ce dernier bord, le tubercule semble tout d'abord figurer un tronc de cône évasé à la base et à sommet obtus; mais, en fait, ce sommet passe brusquement à un cône terminal étroit, qui, transparent et incolore, échappe facilement aux regards et ne peut être bien vu qu'à des grossis-

sements assez forts. Sur les côtés et non loin du sommet du tronc de cône, on voit quatre yeux égaux et bien développés, qui laissent entre eux une aire non pigmentée ayant sensiblement la forme d'une croix.

La *trompe* (fig. 24-27), parfaitement mobile, est toujours un peu inclinée du côté ventral et légèrement plus longue que la distance qui sépare le bord frontal du céphalon de la naissance de l'abdomen ; c'est au voisinage du milieu qu'elle présente son diamètre maximum ; en deçà et au delà, elle se rétrécit avec régularité, sauf toutefois près de son extrémité antérieure obtuse, où elle s'atténue un peu moins rapidement. En son milieu, elle est presque aussi

Fig. 23 et 24. — *Ammothea communis* Bouv. — Un exemplaire ♂ vu du côté dorsal sans la trompe au gr. 23 (fig. 23, en haut) et vu du côté ventral avec la trompe, les ovigères et les orifices sexuels, au gr. 30 (fig. 24, en bas).

large que les segments moyens du tronc sans leurs prolongements latéraux.

Le *tronc* (fig. 23-27) présente dorsalement trois sillons articulaires transverses compris entre les divers segments, les deux sillons antérieurs sont précédés par un petit bourrelet ; du côté ventral, ces bourrelets sont remplacés par un sillon. Les prolongements latéraux sont à peu près aussi longs que la distance transversale qui les sépare sur le tronc ; ils sont contigus à leur base et un peu écartés dans leur région

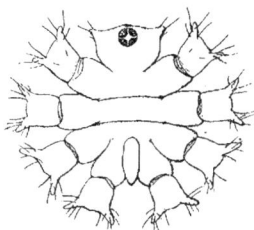

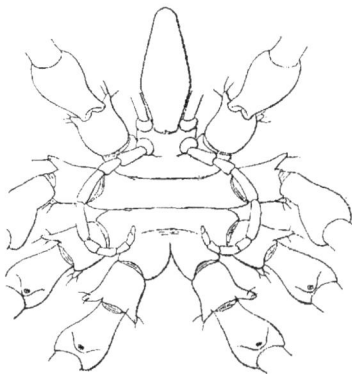

distale. Cette dernière présente dorsalement, à chacun de ses angles, une saillie fort légère et souvent obsolète. La plus grande largeur du tronc se trouve au niveau des pattes de la deuxième paire ; en ce point, la distance qui sépare distalement les deux prolongements latéraux est un

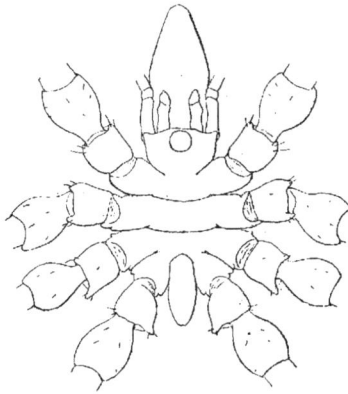

Fig. 25. — *Ammothea communis* Bouv. — Le corps, la trompe, la naissance des palpes et des pattes, face dorsale, ♀. Gr. 23.

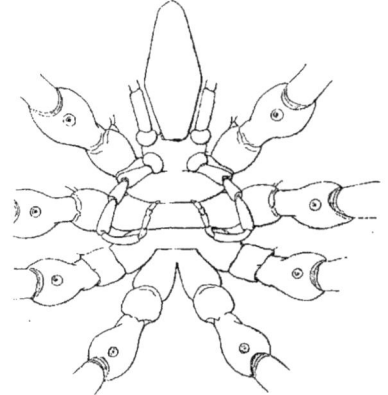

Fig. 26. — *Ammothea communis* Bouv. — Les mêmes parties, les ovigères et les orifices sexuels, vus du côté ventral, même ♀. Gr. 23.

peu plus grande que celle comprise entre le bord frontal et la base de *l'abdomen* (fig. 23, 25, 32).

Ce dernier est un prolongement fusiforme, de longueur et de direction assez variables. Il est un peu mobile sur le quatrième segment du tronc

Fig. 27. — *Ammothea communis* Bouv. — Exem plaire vu du côté gauche, les pattes enlevées. Gr. 23.

et présente un sommet obtus ; ordinairement plus ou moins in- cliné vers le haut, il devient dans certains exemplaires presque hori- zontal.

Les *chélicères* (fig. 25 et 27) se composent d'un article basal dilaté en avant et d'un court article ovoïde quelque peu acuminé au sommet. Ce sont, en somme, des appendices réduits, où la pince non fonctionnelle ne présente pas même, le plus souvent, les traces d'un doigt ; elles ont à peu près la longueur de la partie céphalique.

Les *palpes* (fig. 27 et 28) comptent 8 articles et non pas 9, comme je l'avais écrit dans la diagnose préliminaire de l'espèce. En examinant les palpes avec beaucoup de soins et avec des grossissements divers, j'ai

Fig. 28. — *Ammothea communis* Bouv. — Palpe d'une ♀. Gr. 46.

constaté que le huitième article, assez long, forme bien l'extrémité libre de ces appendices, et qu'il ne se termine point par un neuvième article distal très réduit; la ligne articulaire que j'avais cru apercevoir sur l'article n'est pas une formation normale (1). En fait, les palpes se terminent par un huitième article assez long, que précèdent trois articles subégaux et notablement plus courts, d'ailleurs ornés comme lui de poils nombreux et sétiformes. Les quatre autres articles ne présentent que des poils courts et rares ; le premier et le troisième sont très réduits ; les deux autres sont grands et de longueur à peu près égale.

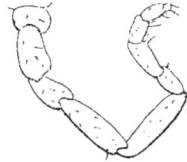

Les *ovigères* (fig. 24, 26, 29, 30) comptent bien 10 articles : le premier dilaté et court, le cinquième remarquablement plus long que tous les autres, même que le quatrième, dont les dimensions longitudinales sont sensiblement plus réduites. Le troisième article est moins long que le deuxième et à peu près autant que le septième ; les sixième, huitième et neuvième sont

Fig. 29 (en bas) et 30 (en haut). — *Ammothea communis* Bouv. — Ovigère de la précédente ♀, en totalité au gr. 46 (fig. 29) et réduit à sa partie terminale au gr. 96 (fig. 30).

plus courts encore et subégaux ; enfin le dernier ou dixième est extrêmement réduit. Ce dernier article et les trois qui le précèdent

---

(1) Voici le passage inexact : « L'article prominal (distal) étant fort petit et précédé par un long article suivi de trois autres plus réduits et subégaux » (**1906**, 20).

(fig. 30) portent tous en avant et en dedans une paire d'épines plates latéralement denticulées.

Les *pattes* (fig. 31, 32) se distinguent par les bords irréguliers de leurs principaux articles et par les soies raides qui occupent les saillies de ces bords; leur plus long article est le deuxième tibia; viennent ensuite le premier tibia et le fémur, qui sont à peu près également longs et qui égalent en longueur les trois articles coxaux réunis. Le premier article coxal présente distalement, sur sa face supérieure, une paire de saillies; il est à peu près aussi long que le troisième article et beaucoup plus court que le second, qui est plus

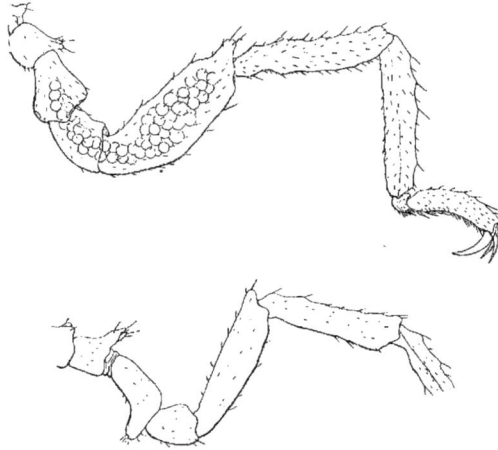

Fig. 31 (en bas) et fig. 32 (en haut). — *Ammothea communis* Bouv. — Fig. 31 : les deux tiers basilaires de la quatrième patte droite d'un ♂, face postérieure; fig. 32, deuxième patte droite d'une ♀, face postérieure, avec les œufs vus par transparence. Gr. 23.

étroit dans sa partie proximale. Le fémur est plus dilaté que les autres articles; à son angle distal supérieur, il se prolonge en une saillie qui fait suite à une dépression notable. Les deux tibias sont à peu près d'égal diamètre et remarquables ordinairement par l'irrégularité de leur bord supérieur; on aperçoit sur les faces du second une ligne longitudinale qui représente vraisemblablement les restes de la ligne latérale. Le tarse présente une paire de soies spiniformes et le propode une série longitudinale de trois soies semblables, mais plus fortes. La griffe principale est plus longue que la moitié du propode et presque deux fois autant que les griffes auxiliaires.

La surface des pattes est presque partout recouverte et comme hérissée de très courts poils raides, invisibles à l'œil nu. Les pattes de la deuxième paire sont un peu plus ongues que celles des deux paires avoisinantes ; les postérieures sont les plus petites, mais il n'y a pas de très grandes différences de longueur entre les appendices de ces diverses paires.

C'est à peu près exclusivement dans les pattes qu'on observe des différences sexuelles. Chez les mâles (fig. 31), les deux saillies dorsales de la première coxa sont très élevées, les fémurs sont peu dilatés et les orifices sexuels se localisent sur la deuxième coxa (fig. 24) des pattes des deux dernières paires, où ils occupent le sommet d'une forte saillie conique inféro-distale. Dans la femelle (fig. 28), les saillies de la première coxa sont faibles, les fémurs apparaissent très dilatés et les orifices sexuels, répartis sur la deuxième coxa de toutes les pattes (fig. 26), ne se trouvent pas au sommet de saillies.

Les dimensions des diverses parties du corps sont les suivantes :

	Millim.
Longueur totale de tout le corps, y compris la trompe	2,95
— de la trompe, en avant du front	1,20
— du céphalon	0,38
— du tronc	0,70
— de l'abdomen	0,67
Largeur maxima de la trompe	0,44
— du céphalon	0,73
— du tronc	1,36
Longueur des trois articles coxaux des pattes II	1,40
— du fémur	1,34
— du tibia 1	1,30
— du tibia 2	1,44
— du tarse et du propode	0,88
— de la griffe principale	0,34

Ces mesures ont été prises sur un mâle dont l'abdomen, à peu près horizontal, avait été placé horizontalement de même que la trompe.

HABITAT, DISTRIBUTION. — N° 33 et 38, février 1904 ; île Moureau, baie des Flandres, assez nombreux exemplaires qui ont conservé, dans l'alcool, une teinte brun-marron prononcée. Mâles avec des œufs.

N° 41, 17 février, sur les galets, à mer basse ; plage de l'île Moureau, dans la baie des Flandres. Deux beaux exemplaires : un mâle porteur d'œufs et une femelle.

N° 77, 17 février, sur les galets, à mer basse; île Moureau, dans la baie des Flandres. Assez nombreux exemplaires, les uns femelles, les autres mâles, ces derniers souvent avec des œufs.

N° 670, 8 novembre ; plage de l'île Booth-Wandel. Deux exemplaires : un mâle porteur d'œufs et une femelle.

N° 582, 29 octobre ; sur les galets à mer basse ; plage de l'île Booth-Wandel. Deux mâles.

N° 699, 4 décembre; île Booth-Wandel. Six exemplaires de belle taille, presque tous femelles.

N° 788, 29 décembre, 20 mètres; île Wiencke. Assez nombreux exemplaires, dont les types mâle et femelle de l'espèce. Tous les spécimens dépourvus d'œufs.

J'ai dit plus haut que M. Hodgson a trouvé deux exemplaires d'*A. communis* dans les matériaux recueillis par l'expédition écossaise aux Orcades du Sud.

Affinités. — Cette espèce tient à la fois de l'*A. echinata* Hodge et de l'*A. gracilis* Verrill, l'une et l'autre de l'hémisphère septentrional; elle s'éloigne beaucoup plus, à tous égards, de l'*A. Hoeki* Pfeffer de la Géorgie du Sud, cette dernière espèce ayant des pattes inermes et un rostre presque rétréci en pointe. La trompe est également bien plus rétrécie en avant dans l'*A. gracilis*, qui d'ailleurs, d'après M. Cole (**1904**, 318) présente des palpes de 7 articles et un tubercule oculaire bien plus court, sans segmentation du corps apparente. L'*A. echinata* est certainement beaucoup plus voisine, encore qu'elle ait des appendices plus irréguliers, une armature de 2 ou 4 épines sur le second article coxal et un tubercule oculaire bien plus long et plus incliné.

Ammothea affinis nov. sp.
(Fig. 33-36 du texte.)

Les trois exemplaires pour lesquels je crois devoir établir cette espèce sont des immatures avec des chélicères en pince et des ovigères nuls ou à l'état de bourgeons. Le plus grand mesure à peu près 2 millimètres de lon-

gueur, depuis l'extrémité libre de la trompe jusqu'à celle de l'abdomen ; il
n'est pas encore adulte, puisque ses ovigères sont imparfaits, ses chélicères
en pinces et ses orifices sexuels indistincts ; ses palpes ont 7 articles,
comme on le voit dans la figure ci-jointe, mais il semble bien que l'avant-
dernier doive se diviser plus tard en deux autres. Dans tous les exemplaires, les pattes sont bien développées.

Le *céphalon* (fig. 33) est très large, contigu en arrière avec les prolongements latéraux antérieurs, et muni dorsale-
ment d'un petit tubercule sétifère près de
chaque angle latéro-antérieur. Son tubercule oculaire est large, à peu près vertical,
d'abord subcylindrique ou plutôt subconique, puis brusquement rétréci en cône ; au
sommet de la partie subconique, il porte
quatre yeux jaunâtres bien développés.

Les segments du *tronc* ne présentent pas
de lignes articulaires du côté dorsal, mais
on voit deux de ces lignes (en avant et
en arrière du deuxième segment), à peine
indiquées d'ailleurs, sur la face ventrale. Les
segments sont absolument dépourvus de
toute saillie sur leurs deux faces. Les pro-

Fig. 33. — *Ammothea affinis* nov. sp.
— Face dorsale sans les pattes, sauf
le premier article coxal. Gr. 30.

longements latéraux sont presque contigus et munis chacun, près de leur
bord dorsal libre, d'une paire de protubérances coniques hérissées de
quelques soies rigides à insertion subapicale.

L'*abdomen* est un peu obliquement relevé ; il se
dilate assez régulièrement de la base jusqu'au voisinage
du sommet, puis se rétrécit jusqu'à l'anus. Il atteint à
peu près l'extrémité dorsale du premier article coxal
des pattes postérieures.

Fig. 34. — *Ammothae
affinis* sp. nov. |
Chélicère droite,
face supérieure.
Gr. 64.

Les *chélicères* (fig. 33, 34) sont courtes et n'atteignent
pas le milieu de la *trompe*, qui est plus ou moins inclinée
et semblable à celle de l'*A. communis* ; leur pince est presque aussi
longue que l'article basilaire. Les *palpes* (fig. 35) se distinguent par

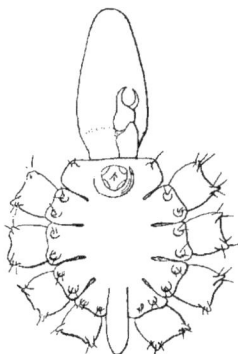

les deux saillies latérales sétifères de leur avant-dernier article.

Les *pattes* (fig. 36) présentent des soies inégales et rigides, dont les plus grandes occupent souvent le sommet d'une légère saillie tégumentaire. Leur premier article coxal présente dorsalement, près de son bout externe, une paire de tubercules sétifères semblables à ceux des prolongements latéraux (fig. 33) ; le deuxième article coxal est subcylindrique et un

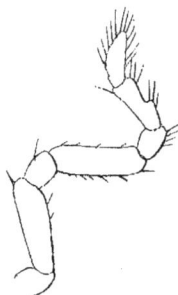

Fig. 33. - *Ammothea affinis* nov. sp. — Palpe droit. Gr. 64.

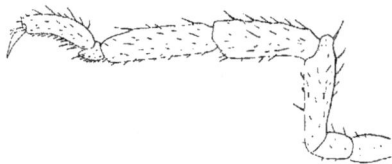

Fig. 36. - *Ammothea affinis* nov. sp. -- Une patte antérieure. Gr. 23.

peu plus long que les deux autres ; il est dépourvu de tubercules, comme le suivant. Le fémur se fait remarquer par une protubérance plus ou moins forte, qui se développe sur son bord dorsal au voisinage du premier tibia ; ce dernier article est à peu près aussi long que le fémur et à peine plus court que le second tibia. On observe une forte soie spiniforme sur le bord inférieur du tarse, et deux soies semblables un peu plus loin, sur le bord inférieur du propode ; d'autres soies plus réduites se trouvent ensuite sur le même bord de ce dernier article. Les deux griffes auxiliaires égalent à peu près la moitié de la griffe principale, qui est très forte.

HABITAT. — Trois exemplaires trouvés par M. Billard sur des *Obelia longissima* Pallas, recueillies dans la baie des Flandres, station 24.

AFFINITÉS. — M. Hodgson, à qui j'ai communiqué les trois précédents exemplaires, trouve qu'ils ressemblent beaucoup aux jeunes d'*Ammothea Wilsoni* Schmikewitsch, mais ne se prononce pas définitivement sur leur identité spécifique.

Il est certain, en effet, que ces exemplaires présentent des ressemblances étroites avec les jeunes de *A. Wilsoni* figurés par M. Schmike-

witsch dans les figures 19 et 20 de son mémoire (1). Pourtant ils en diffèrent à beaucoup d'égards : 1° les jeunes de l'*A. Wilsoni* se distinguent par
le très long article basal de leurs chélicères, qui dépasse le milieu de la
trompe et égale plus de trois fois la longueur de la pince ; 2° ils présentent
comme l'adulte un tubercule oculaire long, étroit et incliné en avant
au-dessus de la base des chélicères ; 3° leurs segments II et III présentent
dorsalement chacun une saillie impaire ; ces deux saillies se développent
chez l'adulte, où la première est bifurquée ; 4° leur abdomen allongé
atteint à peu près l'extrémité distale du deuxième article coxal des pattes
postérieures ; 5° cet article coxal, sur toutes les pattes, présente des
protubérances comme le premier ; 6° le second tibia est beaucoup plus
long que le premier ; 7° les griffes auxiliaires dépassent largement le
milieu de la griffe principale.

Ces différences sont importantes et ne permettent certainement pas
de rapporter les spécimens du « Français » à l'*A. Wilsoni*.

Nos trois spécimens se rapprochent de l'*A. communis*, dont toutefois
ils diffèrent : 1° par leur céphalon et leur tubercule oculaire plus larges ;
2° par les segments inarticulés de leur tronc ; 3° par leur abdomen plus
allongé ; 4° par les tubercules plus forts de leurs prolongements latéraux et par ceux plus réduits de leur premier article coxal ; 5° par
leur deuxième article coxal, qui ne se dilate pas sensiblement en massue ;
6° par leurs griffes auxiliaires plus courtes.

En somme, les spécimens du « Français », quoique immatures,
paraissent appartenir à une espèce nouvelle que j'appellerai *A. affinis*,
en raison de ses affinités étroites avec l'*A. communis* d'un côté et avec
l'*A. Wilsoni* de l'autre. On sait que la première de ces espèces fut trouvée
par le « Français » dans les mêmes parages que le nouveau type ; quant
à la seconde, elle fut recueillie dans l'archipel des îles Chonos, Chili
méridional.

(1) W. Schimkewitsch, Sur les Pantopodes recueillis par M. le lieutenant G. Chierchia pendant le voyage de la corvette « Vettor Pisani » en 1882-1885 (*Atti R. Accad. dei Lincei*, ser.
quarta, Memorie, vol. VI, p. 329-347, et Planches, 1889).

LEIONYMPHON K. Möbius.

Le genre *Leionymphon* Möbius a été rangé jusqu'ici dans la famille des Nymphonidés, à la suite des *Boreonymphon* (Voy. Möbius, **1902**, 183). Mais il suffit de jeter un coup d'œil sur les caractères que nous avons attribués aux Ammothéides et aux Nymphonides, pour acquérir la conviction que le genre établi par M. Möbius diffère essentiellement des Nymphonides et qu'il doit prendre place parmi les Pycnogonomorphes cryptochélates, dans la famille des Ammothéides ; c'est aussi l'opinion de M. Hodgson (**1907** 1). Par leurs chélicères imparfaites, mais d'assez grande taille, leurs palpes de 9 articles, leurs ovigères qui en ont 10, leurs tarses très courts et leurs propodes arqués, les espèces du genre *Leionymphon* se rapprochent étroitement des *Ammothea* et s'éloignent de tous les Nymphonides. Mais elles se distinguent essentiellement des Ammothéides les plus normaux par la structure de leurs ovigères, qui sont dépourvus d'épines différenciées (1), par la dilatation et la brièveté du septième article de ces appendices chez le mâle, par la longueur de leurs pattes et aussi par leurs dimensions ordinairement assez grandes, alors que les autres Ammothéides sont toujours de petite taille. Par là, elles méritent de constituer dans la famille un groupe spécial, qui d'ailleurs se rattache à la souche commune des Cryptochélates, ou aux Eurycydides, dont ils diffèrent surtout par l'atrophie des épines denticulées des ovigères et par la brièveté des tarses.

Le genre *Leionymphon* se distingue en outre par la présence de courts poils très nombreux sur les téguments (abstraction faite de la trompe), par le céphalon large et court, par la forme conique ou subconique du tubercule oculaire qui porte quatre yeux, par le tronc assez puissant dont les somites présentent des bourrelets dorsaux élevés et des prolongements latéraux convergents à la base, par l'abdomen plus ou moins relevé, et par le grand développement de la trompe, qui est largement

(1) Il est curieux de constater que les genres *Austrodecus* et *Austroraptus*, récemment établis par M. Hodgson (**1907**, 1), pour des types de la « Discovery », sont des Ammothéides antarctiques dépourvus, comme les espèces du genre *Leionymphon*, de soies ovigères différenciées.

obtuse au sommet. Les chélicères sont réduites chez l'adulte et leur
doigt est rudimentaire; mais, dans le jeune âge, elles conservent assez
longtemps une pince parfaite. Des orifices sexuels se voient sur toutes
les pattes dans les femelles et sur les deux paires postérieures chez les
mâles (1).

Les Pycnogonides qui appartiennent à ce genre, malgré leur taille
ordinairement assez grande, ne sont pas sans analogie avec les *Ammothea*,
et leurs premières espèces furent décrites sous ce nom générique par
Pfeffer (**1889**); c'est également dans le genre *Ammothea* que j'ai rangé
les deux espèces *L. antarcticum* et *L. grande* recueillies par le « Français » (**1905**, 295, 296). Frappé tout d'abord par les ressemblances
très grandes qui existent entre le *L. grande* et la *Colossendeis gibbosa* de
Möbius, je l'avais rangé provisoirement dans le même genre que cette
dernière espèce, non sans faire observer d'ailleurs qu'à l'exemple de la
Colossendeis gibbosa il « ne présente aucun des caractères du genre *Colossendeis*... et se rapproche bien plus des Ammothéides ». Je considérais
alors les exemplaires du « Français » comme les types d'une espèce
nouvelle qui fut désignée sous le nom de *Colossendeis* (?) *Charcoti*; mais
M. Hodgson, à la suite d'un voyage qu'il fit à Paris, eut l'aimable obligeance de me faire observer que cette dernière forme devait être rapportée à l'*Ammothea grande* de Pfeffer, et qu'elle devait, comme elle, se
ranger dans le genre *Leionymphon*. En fait, les *Leionymphon* ne ressemblent en rien aux *Colossendeis*, si ce n'est par leur taille parfois assez
grande et aussi, dans une certaine mesure, par la forme de leur trompe.
Mais ces caractères sont de valeur bien subordonnée dans le groupe des
Pycnogonides.

Le genre *Leionymphon* est actuellement représenté par neuf espèces,
toutes propres aux régions antarctiques : *L. grande* Pfeffer, *L. Clausi*
Pfeffer, *L. striatum* Möbius (type du genre), *L. gibbosum* Möbius,
L. antarcticum Bouvier et les quatre espèces nouvelles suivantes, trou-
vées par M. Hodgson (**1907**), dans les matériaux de la « Discovery » :
L. minor, *L. australe*, *L. spinosum* et *L. glaciale*. La première et la cin-

---

(1) C'est du moins ce que j'ai observé très nettement dans le *L. grande* et le *L. antarcticum*.

PYCNOGONIDES.

quième de ces espèces se trouvent seules dans les matériaux recueillis par le « Français ».

Leionymphon antarcticum E.-L. Bouvier.
(Voy. les fig. 4 et 5 de la Pl. III, et dans le texte les fig. 37-39.)

1905. *Ammothea antarctica*, E.-L. Bouvier, *Bull. du Muséum*, p. 296.
1906. *Ammothea antarctica* E.-L. Bouvier, *C. R. Acad. des sciences*, t. CXLII, p. 19.

Cette espèce est très voisine d'une espèce de la Géorgie du Sud, l'*Ammothea Clausi* Pfeffer et, comme ce dernier Pycnogonide, appartient au genre *Leionymphon* ; elle est représentée par deux spécimens qu'il sera bon de décrire en les comparant avec la description de M. Pfeffer (**1889**, 45).

Le corps et les pattes de l'*A. Clausi*, d'après M. Pfeffer, sont « très grêles, peu chagrinés, les pattes ayant de longs poils épars». Il en est à peu près de même dans le *L. antarcticum*, encore que les poils un peu longs soient très rares dans cette espèce et que les téguments y présentent, particulièrement sur les pattes (fig. 39), de nombreuses ponctuations munies de poils excessivement courts.

Le céphalon est à peu près aussi long que large et à peine rétréci en arrière ; sa face supérieure, presque en totalité, sert de base au tubercule oculaire (fig. 37), qui a la forme d'un cône subvertical. Dans l'*A. Clausi*, le tubercule, au-dessus des yeux, « se rétrécit brusquement pour former une petite pointe » ;

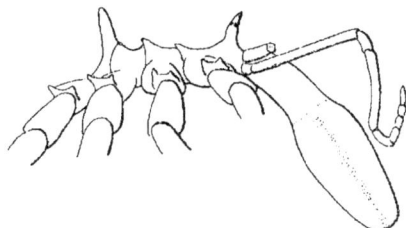

Fig. 37. — *Leionymphon antarcticum* Bouv. — Un exemplaire ♂ vu de côté. Gr. 7.

dans notre spécimen, il n'en est pas tout à fait de même : sur la face antérieure, les génératrices du cône oculaire sont rectilignes ou même légèrement concaves en avant ; sur la face postérieure, elles s'infléchissent un peu au-dessus des yeux, mais sans aucun rétrécissement brusque.

Les trois segments antérieurs du tronc (fig. 37) se terminent dorsalement en arrière par un bourrelet transversal peu saillant ; du côté dorsal, ce bourrelet s'élève davantage au milieu, où il se termine par une sorte de pointe obtuse, qui, dans notre spécimen, est légèrement dirigée en arrière. Les prolongements coxaux, dans les deux espèces, sont séparés par des intervalles médiocres ; leur largeur augmente progressivement du côté externe ; ils sont longs presque autant que la largeur du segment correspondant et présentent dorsalement, sur leur bord distal, deux tubercules marginaux. Dans le *L. Clausi*, ces deux tubercules sont petits et punctiformes ; dans notre spécimen, ils sont fort irrégulièrement développés, le tubercule postérieur étant plus volumineux et formant une sorte de saillie conique dirigée en arrière et en dehors. Au surplus, les dimensions relatives du corps ne semblent pas les mêmes dans les deux espèces : dans la nôtre, la plus grande largeur du tronc égale presque la distance qui sépare le bord antérieur du front du sommet de l'angle formé par la réunion des prolongements coxaux de la paire postérieure, tandis que, dans le *L. Clausi*, cette largeur dépasse d'un quart ce que M. Pfeffer appelle ici la « longueur totale du corps », c'est-à-dire, vraisemblablement, la distance indiquée plus haut (1).

L'abdomen du *L. Clausi* « est une pointe grêle verticalement dressée et mesurant presque la moitié de la longueur totale du tronc et du céphalon (*Mittelleib*) (1) ; dans notre espèce (fig. 37), il est beaucoup plus fort (à peu près du diamètre du second tibia), en cône obtus et manifestement incliné en arrière, de sorte que sa base ne refoule pas en arc le bord postérieur du dernier segment du tronc.

La trompe (fig. 37) paraît également bien différente dans les deux espèces. Dans la *L. Clausi*, elle égale la longueur du corps (*Leibeslänge* (1), comprenant sans doute le céphalon, le tronc et l'abdomen), se renfle jusqu'à l'extrémité distale de l'avant-dernier tiers, puis se rétrécit ensuite très fortement, l'ensemble de l'appareil ayant la forme d'un grain de blé. Dans le *L. antarcticum*, la trompe se renfle très peu et s'incurve

(1) Les termes employés par M. Pfeffer ne me semblent pas avoir toujours la même signification, faute d'avoir été bien définis ; c'est ainsi que le terme de « longueur totale du corps » (*Gesammtlänge des Leibes*) signifie parfois la totalité des longueurs de la trompe, du céphalon, du tronc et de l'abdomen, et tantôt la longueur du céphalon et du tronc, ces deux parties étant ailleurs désignées sous le nom de *Mittelleib*.

notablement dans son tiers basilaire ; puis elle se dilate brusquement, et, presque de suite, atteint son diamètre maximum ; après quoi elle se rétrécit peu à peu pour atteindre, au sommet, très sensiblement le même diamètre qu'à la base. Ces deux parties de la trompe sont d'ailleurs assez dissemblables : le tiers basilaire ayant un contour arrondi assez régulier, tandis que les deux tiers terminaux se présentent plutôt sous la forme d'un tronc de pyramide triangulaire, dont les arêtes sont largement obtuses et les faces

Fig. 38. — *Leionymphon antarcticum* Bouv. — Ovigère de l'exemplaire précédent (l'extrémité libre de l'appendice fait défaut). Gr. 7.

longitudinalement déprimées dans le milieu. Au surplus, la trompe du *L. antarcticum* est plus longue que la largeur du corps, tandis qu'elle est beaucoup plus courte dans le *L. Clausi*.

Pour le reste, les deux espèces semblent à peu près identiques et caractérisées par l'état rudimentaire de la pince de leurs chélicères (fig. 37), où l'on observe à peine les traces d'une bifurcation terminale ; par le développement prédominant du deuxième article des palpes (fig. 37), qui comptent 9 articles, dont la figure ci-jointe donne les dimensions relatives ; par la structure de leurs ovigères (fig. 38), qui sont très semblables à ceux du *L. grande,* leurs articles 2, 4 et 5 étant d'ailleurs

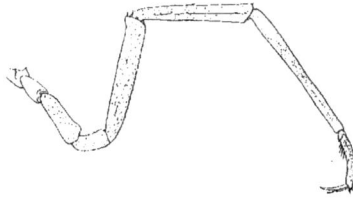

Fig. 39. — *Leionymphon antarcticum* Bouv. — Troisième patte gauche du même ♂. Gr 3 1/2.

subégaux ; par la longueur relative des divers articles des pattes (fig. 39), le fémur égalant le premier tibia, et le second tibia la longueur totale du fémur et du dernier article coxal, enfin par les dimensions des griffes accessoires, qui égalent plus de la moitié de la longueur de la griffe principale. Dans le *L. Clausi,* le fémur, les tibias et le propode sont fortement comprimés, tandis qu'ils ne le sont pas d'une manière sensible dans le *L. antarcticum.*

Je relève ci-contre quelques-unes des dimensions de chacune des deux espèces :

	L. Clausi, d'après l'Heller. Millim.	L. antarcticum, type. Millim.
Longueur totale du corps (trompe, tête, tronc, abdomen).	9,7	11,5
Largeur maxima du 2ᵉ segment	5,0	4,8
Longueur de la trompe	4,5	5,1
de l'abdomen	2,0	2,0
— des pattes	26,0	2ᵉ paire : 33,3

Dans l'alcool, les représentants des deux espèces ont une coloration d'un brun clair, avec une teinte de Fucus pour notre spécimen.

En résumé, les principaux caractères qui distinguent les deux espèces sont : 1° les dimensions relatives de la trompe et du tronc, la première étant plus longue que la grande largeur du second dans l'espèce qui nous occupe, notablement plus courte dans le *L. Clausi*; 2° la grosseur et la position de l'abdomen, qui est vertical et en pointe étroite dans le *L. Clausi*, un peu oblique et en cône obtus dans le *L. antarcticum*; 3° la forme de la trompe, qui atteint son diamètre maximum au milieu dans cette dernière espèce, et à l'extrémité distale de l'avant-dernier tiers dans le *L. Clausi*; 4° enfin la structure des articles 4, 5, 6 et 8 des pattes, articles qui sont fortement comprimés dans le *L. Clausi*, et qui ne le sont pas du tout dans le *L. antarcticum*, etc. (1).

HABITAT. — N° 130, Port-Charcot, 25 mètres, drague; 14 avril 1904.

L'exemplaire type décrit plus haut; la deuxième patte gauche et la troisième patte droite sont incomplètes dans ce spécimen, de même que l'extrémité des ovigères. Mâle.

N° 432, Port-Charcot, 40 mètres; 15 avril 1904. Un exemplaire jeune où les ovigères ne comptent encore que 4 articles. Les caractères sont identiquement ceux du type, mais les pattes semblent un peu plus courtes, plus trapues; elles ont de grands poils plus nombreux et plus longs, et les prolongements coxaux qui les supportent se font remarquer par la transformation en fortes épines aiguës de leurs deux tubercules distaux.

Dans ce jeune, comme dans le type, la ligne latérale est vaguement

(1) M. Hodgson a eu l'obligeance de me communiquer les figures du palpe, du tarse et du propode, qu'il a dessinées d'après une femelle adulte de *L. Clausi*, rapportée par l'expédition écossaise. Ces diverses parties ressemblent beaucoup à celles du *L. antarcticum*, si bien que l'on ne doit pas être sans quelques doutes sur la validité de cette dernière espèce.

représentée sur le fémur, le tibia et le tarse par une ligne où les petits poils sont serrés; cette ligne est un peu saillante dans le jeune.

On sait que le *L. Clausi* Pfeffer provient de la Géorgie du Sud.

Leionymphon grande G. Pfeffer.

(Voy. la fig. 6, Pl. III, et, dans le texte, les fig. 36-44.)

1889. *Ammothea grandis* G. Pfeffer, *Jahrb. Hamburg. Wiss. Anstalten. Jahrg.*, VI, 2ᵗᵉ Hälf., p. 43, 1888.

1905. *Colossendeis*(?) *Charcoti* E.-L. Bouvier, *Bull. du Muséum*, p. 296, 1905.

1906. *Colossendeis* (♀) *Charcoti* E.-L. Bouvier, *C. R. Acad. des sciences*, t. CXLII, p. 19, 1906.

1907. *Leionymphon grande* T.-V. Hodgson, Pycnogonida (Discovery), p. 31-33, Pl. VI, fig. 1.

Cette espèce est remarquable par sa grande taille (fig. 6, Pl. III); par ses téguments presque partout chagrinés (fig. 43), abstraction faite de la trompe, qui est absolument lisse; par la forme et le développement de cette dernière (fig. 40), qui est sensiblement aussi longue que le reste du corps, légèrement rétrécie vers l'extrémité distale de son quart basilaire, puis en forme de tronc de cône à sommet obtus; par les fortes sail-

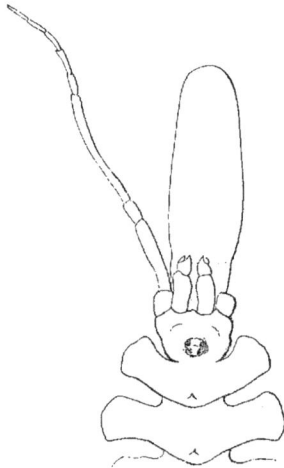

Fig. 40. — *Leionymphon grande* Pfeffer. — Partie antérieure du corps et appendices céphaliques d'une ♀, face dorsale. Gr. 3.

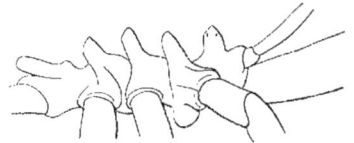

Fig. 44. — *Leionymphon grande* Pfeffer. — Même ♀ vue du côté droit avec la base de la trompe, du palpe droit et des pattes. Gr. 3.

lies transverses qui caractérisent chacun des trois segments antérieurs du tronc, saillies qui se développent ventralement sous la forme d'un bourrelet arrondi très régulier (fig. 42), et, sur la face dorsale, à

l'état de pyramide comprimée d'avant en arrière avec un sommet aigu
légèrement infléchi vers la région anté-
rieure (fig. 40 et 41) ; par les dimensions du tronc, qui est à peu près
aussi long que large ; par le médiocre
écartement des prolongements coxaux
1, 2 et 3, dont les bords sont presque
parallèles (fig. 42) ; par le grand développement du céphalon (fig. 40), dont
la longueur équivaut au tiers de celle
du tronc ; par les caractères de l'abdomen (fig. 42), qui est fusiforme, presque toujours légèrement redressé
(fig. 41) et à peu près de même longueur
que les chélicères ; enfin par la réduc-

Fig. 42. — *Leionymphon grande* Pfeffer. — Les mêmes parties et les ovigères du même exemplaire. Gr. 2 1/4.

tion de ces dernières, dont la pince est très réduite avec un doigt
mobile presque rudimentaire (fig. 40). M. Pfeffer a très clairement décrit
cette espèce ; aussi ne reste-t-il qu'à la figurer et à donner plus de
précision ou d'exactitude à certains points de la description primitive.

Les téguments sont bien chagrinés, comme l'indique M. Pfeffer, mais
il n'est pas exact de dire, avec cet auteur, qu'ils sont dépourvus de petits
poils (Härchen) ; en fait, ces derniers sont très abondants, et c'est à eux
qu'est dû l'aspect chagriné du corps. Ils se
présentent sous la forme de petites soies raides,
étroites et subaiguës (fig. 43), longues en
moyenne de 300 μ; ils sont articulés à la base
et se détachent avec une certaine facilité, laissant
pour cicatrice leur base d'articulation arrondie.

Fig. 43. — *Leionymphon grande* Pfeffer. — Deux des soies spinuliformes du fémur. Gr. 96.

Les petites soies spiniformes sont répandues partout, sauf sur la trompe,
la face ventrale du corps, la presque totalité des articles des ovigères de
la femelle et, dans les deux sexes, la ligne latérale, parfois avec une
certaine zone dans son voisinage (fig. 44). Ils sont peu nombreux sur la
pince des chélicères et la moitié terminale des palpes. Jamais on n'en
trouve sur les propodes.

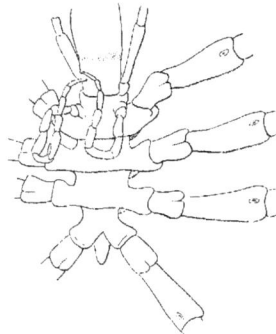

La *trompe* (fig. 40) présente son diamètre maximum un peu avant le milieu, à quelque distance au delà de la très faible dépression annuliforme qui termine distalement son quart basilaire; elle se rétrécit ensuite un peu jusqu'à son extrémité distale, qui porte la fente buccale triangulaire. Sa longueur égale sensiblement celle du reste du corps; parfois elle est un peu moindre, dans d'autres exemplaires un peu plus grande.

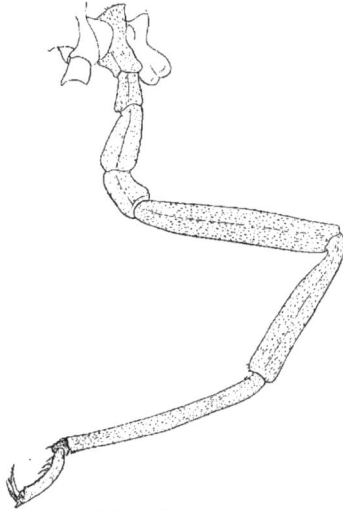

La ligne latérale (fig. 44) n'a pas été signalée par M. Pfeffer. On l'observe sur le fémur et les deux tibias; elle manque totalement sur les trois articles terminaux et s'atténue sur les deux derniers articles de la région coxale; on la retrouve dorsalement et ventralement sur le premier article coxal, voire sous la forme d'un sillon transverse, sur la face postérieure

Fig. 44. — *Leionymphon grande* Pfeffer. — Le deuxième segment du tronc vu de côté et en arrière, et la deuxième patte droite vue par la face postérieure. Gr. 2 1/2.

Fig. 45. — *Leionymphon grande* Pfeffer. — Extrémité de l'ovigère d'une ♀. Gr. 10.

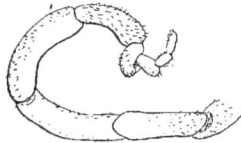

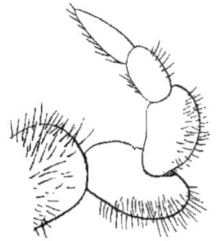

Fig. 46 (à gauche) et 47 (à droite). — *Leionymphon grande* Pfeffer. — Fig. 46, ovigère d'un ♂ à partir du deuxième article. Gr. 3 1/2; fig. 47, extrémité distale du même ovigère. Gr. 13.

de chaque prolongement latéral. M. Pfeffer ne mentionne pas davantage

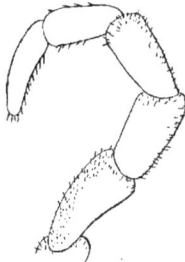

les orifices sexuels. Ils se trouvent sur la ligne médiane ventrale de la deuxième coxa, non loin du bord externe de cet article. Très réduits, à peu près ronds et localisés sur les pattes des deux dernières paires chez le mâle, ils sont très largement ovalaires et se trouvent sur toutes les pattes dans la femelle (fig. 42). Cette dernière se distingue en outre par ses ovigères, qui sont droits (fig. 42 et 45) dans leur moitié terminale ; les ovigères du mâle (fig. 46, 47), bien décrits par M. Pfeffer, sont fortement et irrégulièrement contournés en ce point. Les œufs ont à peu près un demi-millimètre de diamètre ; ils entourent d'un manchon le quatrième article des ovigères du mâle.

Voici les dimensions d'une femelle de bonne taille :

	Millim.
Longueur totale du corps	32,6
— de la trompe	16,5
Diamètre maximum de la trompe	4,5
Longueur du tronc avec le céphalon	13,5
Largeur maxima du tronc (au niveau de la 2ᵉ patte)	10,8

La plus longue patte est la deuxième, viennent ensuite la troisième, la première et la quatrième. Voici les dimensions de la deuxième patte :

	Millim.
Longueur des hanches (les trois articles coxaux)	11,5
— du fémur	16,0
— du 1ᵉʳ tibia	14,5
— du 2ᵉ tibia	19,0
— des deux tarses réunis	5,7
— du propode	3,0

Le deuxième article coxal est au moins aussi long que les deux autres réunis ; le tarse est fort court. L'abdomen n'est pas articulé à sa base, mais les articles du tronc sont mobiles les uns sur les autres.

Habitat, distribution. — Nᵒ 243, 30 mars 1904, drague, 40 mètres ; Port-Charcot. Deux femelles adultes, un mâle adulte avec son manchon d'œufs, un individu immature. La longueur totale de ce dernier n'atteint pas moins de 26 millimètres, dont 14,5 pour la trompe ; les ovigères ont la structure de ceux de la femelle ; les chélicères (fig. 48) sont en pince parfaite et les pores sexuels très réduits. Comme l'a observé M. Pfeffer sur des spécimens plus jeunes, la pince des chélicères est aussi longue pour le moins que l'article basal, et ses doigts, largement écartés, sont bien plus longs que la portion palmaire (fig. 48).

N°ˢ 130 et 140, 14 et 15 avril 1904, drague 20-25 mètres ; Port-Charcot.

Trois grandes femelles, sur le vivant d'une couleur jaune-soufre tirant sur le brun.

N° 753, 21 décembre 1904, 30 mètres ; île Booth-Wandel. Une grande femelle.

Les exemplaires étudiés par M. Pfeffer (**1889**, 43) provenaient de la Géorgie du Sud, où ils furent capturés par 12 brasses de profondeur ; dans l'alcool, ils avaient pris une teinte brunâtre. Les nôtres sont tantôt d'un jaune blanchâtre, tantôt bruns, toujours avec l'extrémité de la trompe noirâtre.

Fig. 48. — *Leionymphon grande* Pfeffer. — Chélicère gauche d'un immature, face dorsale. Gr. 10.

M. Hodgson (**1907**. 33) signale un exemplaire de cette belle espèce dans les matériaux recueillis à l'île Coulman, par la « Discovery ».

Affinités. — J'ai précédemment décrit cette espèce sous le nom de *Colossendeis* (?) *Charcoti* (**1905**, 295) ; mais elle est certainement identique à l'*Ammothea grandis* Pfeffer, qui appartient sans aucun doute au genre *Leionymphon*. En la faisant connaître, j'avais d'ailleurs observé qu'elle présente tous les caractères des Ammothéides, et c'est uniquement à cause de ses ressemblances étroites avec la *Colossendeis gibbosa* Möbius (**1902**, 193) que je l'avais provisoirement rangée parmi les *Colossendeis*, dont elle ne se rapproche que par sa grande taille.

Au surplus, la *Colossendeis gibbosa* doit prendre place dans le genre *Leionymphon*, et l'on peut même se demander si elle n'est pas identique à l'espèce de Pfeffer. Les seuls caractères qui la distinguent de cette dernière sont la forme de la trompe, qui semble être un tronc de cône régulier, et la structure du tubercule oculaire, qui est obtus au sommet ; mais peut-être doit-on croire que ces différences sont dues au jeune âge des exemplaires étudiés par M. Möbius, ces derniers étant deux fois plus petits que notre jeune mâle de *L. grande* et présentant comme lui de vraies pinces à l'extrémité des chélicères. Dans ce dernier, la trompe ressemble beaucoup à celle du *L. gibbosum* ; elle serait même tout à fait

identique sans le rétrécissement basilaire normal qui ne paraît pas exister dans l'espèce de la « Valdivia ». J'ajoute que, dans cette espèce, M. Möbius figure quelques poils assez longs sur les pattes et de courtes soies spiniformes sur les saillies pyramidales du tronc ; c'est là peut-être ce qui représente, dans le jeune âge, les téguments chagrinés et brièvement sétifères du *Leionymphon grande*.

INDEX BIBLIOGRAPHIQUE

RELATIF AUX PYCNOGONIDES DES MERS ANTARCTIQUES

1905. E.-L. BOUVIER. — Observations préliminaires sur les Pycnogonides recueillis dans la région antarctique par la Mission du « Français » (*Bull. du Muséum*, p. 294-297, 1905).

1906. ID. — Nouvelles observations sur les Pycnogonides recueillis dans les régions antarctiques au cours de la campagne dirigée par M. Jean Charcot (*Comptes rendus Acad. des sciences*, t. CXLII, p. 15-22, 1906).

1905. L.-J. COLE. — Ten-legged Pycnogonides, with Remarks on the Classification of the Pycnogonida (*Ann. Nat. Hist.* (7), vol. XV, p. 405-415, 1905).

1834. J. EIGHTS. — Description of a new Animal belonging to the Arachnides of Latreille; discovered in the Sea along the Shores of the New Shetland Islands (*Boston Journ. Nat. Hist.*, vol. I, p. 203-206, Pl. VII, 1834).

1904. T.-V. HODGSON. — On a new Pycnogonid from the South Polar Regions (*Ann. Nat. Hist.* (7), vol. XIV, p. 458-462, Pl. XIV, 1904).

1905 a. ID. — Scotia Collections. On *Decolopoda australis* Eights an old Pycnogonid rediscovered (*Proc. Roy. Phys. Soc. Edinburgh*, vol. XVI, part. I, p. 35-42, Pl. III, 1905).

1905 b. ID. — Preliminary Report of the biological Collections of the « Discovery » (*The Geogr. Journ*, p. 396-400, 1905).

1905 c. ID. — Decalopoda and Colossendeis (*Zool. Anz.*, Bd. XXIX, S. 254-256, 1905).

1907. ID. — Exp. « Discovery » : Pycnogonida.

1905. LOMAN. — Decolopoda Eights oder Colossendeis Jarz. (*Zool. Anz.*, Bd. XXVIII, S. 722-723, 1905).

1902. K. MÖBIUS. — Die Pantopoden der deutschen Tiefsee-Expedition, 1898-1899 (*Wiss. Ergeb. deutsch. Tiefsee Exp. « Valdivia »*, Bd. III, 6te Lief., 1902).

1889. G. PFEFFER. — Zur Fauna von Süd Georgien; Pycnogoniden (*Jahrb. Hamburg. Wiss. Anstalten*, Jahrg. VI, 2te Hälfte, 1888).

EXPLICATION DES PLANCHES

PLANCHE I.

Fig. 1. — *Decolopoda antarctica* Bouvier. Femelle type vue du côté dorsal, ses pattes étant placées dans une position à peu près naturelle, de sorte que certains de leurs articles, particulièrement le fémur, le propode et la griffe, sont vus en raccourci. Grandeur naturelle. (Photographie de M. Henri Fischer.)

PLANCHE II.

Decolopoda antarctica Bouvier (type femelle).

Fig. 1. —.Le corps (sauf la trompe), et l'origine des appendices, face dorsale. Gr. 2 1/4.

Fig. 2. — Moitié droite des mêmes parties, face ventrale. Gr. 2 1/5.

Fig. 3. — Le tubercule oculaire, la trompe et le palpe droit, vus de côté dans leurs rapports naturels. Gr. 4 1/2.

Fig. 4. — Chélicère droite, vue de la face externe. Gr. 4 1/2.

Fig. 5. — Extrémité d'un ovigère, vue de côté et grossie.

Decolopoda australis Eights.

Fig. 6. — Le corps (sauf la trompe), et l'origine des appendices, face dorsale. Exemplaire mâle de l'île Laurie. Gr. 3 1/2.

Fig. 7. — Moitié gauche des mêmes parties, face ventrale. Même exemplaire. Gr. 3 1/2.

Fig. 8. — Le tubercule oculaire et la trompe, vus du côté droit. D'après M. Hodgson (**1905ᵃ**, fig. 2). Gr. 64.

Fig. 9. — Chélicère, vue de côté. D'après M. Hodgson (**1905ᵃ**, fig. 1). Gr. 6.

PLANCHE III.

(Fig. 1-6, photographies de M. Henri Fischer ; fig. 7ᵃ, 7ᵇ, photographies de M. A. Quidor.)

Fig. 1. — *Cordylochele Turqueti* Bouvier. — Exemplaire type vu du côté dorsal. Grandeur naturelle.

Fig. 2. — *Id.* — Le même grossi 2 fois.

Fig. 3. — *Ammothea communis* Bouvier. — Une femelle vue du côté dorsal. Gr. 5.

Fig. 4. — *Leionymphon antarcticum* Bouvier. — Un exemplaire quelque peu incomplet vu du côté gauche. Grandeur naturelle.

Fig. 5. — *Id.* — Le même dans la même position. Gr. 2.

Fig. 6. — *Leionymphon grande* Pfeffer. — Une femelle vue du côté dorsal, en position à peu près naturelle, c'est-à-dire avec des articles en raccourci. Grandeur naturelle.

Fig. 7ᵃ, 7ᵇ. — *Id.* — Le même exemplaire en deux vues stéréoscopiques obtenues avec le nouveau microscope de M. Quidor ; examinées avec un stéréoscope ordinaire, ces vues donnent le relief parfait de l'animal, qui est un peu réduit.

FIGURES DU TEXTE.

Decolopoda antarctica Bouvier.

Fig. 1. — Chélicères et trompe vues du côté dorsal, dans leurs rapports avec le front. Gr. 3 1/2.
Fig. 2. — Deuxième patte droite, face postérieure. Réduction de 1/3.

Pentanymphon antarcticum Hodgson.
(Grand exemplaire de la station 669.)

Fig. 3. — Extrémité d'un ovigère, vue de côté. Gr. 30.
Fig. 4. — Une épine denticulée du même ovigère. Gr. 282.
Fig. 5. — Griffe du même ovigère. Gr. 90.
Fig. 6. — Extrémité de la deuxième patte gauche, vue de côté. Gr. 13.

Cordylochele Turqueti Bouvier.

Fig. 7. — Le corps, les chélicères et la base des pattes, face dorsale. Gr. 4 2/3.
Fig. 8. — Les mêmes parties vues du côté droit. Gr. 4 2/3.
Fig. 9. — Le front vu de face, avec la trompe vue en raccourci et l'origine des chélicères. Gr. 7.
Fig. 10. — Extrémité buccale de la trompe. Gr. 40.
Fig. 11. — Position des yeux sur le tubercule vu d'en haut. Schéma.
Fig. 12. — Chélicère droite, face inférieure. Gr. 7.
Fig. 13. — La même, face supéro-interne. Gr. 7.
Fig. 14. — Extrémité de la même chélicère, face inférieure.
Fig. 15. — Ovigère droit vu de côté. Gr. 6 1/2.
Fig. 16. — Extrémité du même ovigère, vue de côté.
Fig. 17. — Une épine denticulée de l'avant-dernier article. Gr. 282.
Fig. 18. — Première patte droite, face postérieure. Gr. 4 2/3.
Fig. 18bis. — Tarse, propode et griffe de la même patte, face antérieure. Gr. 23.

Ammothea curculio Bouvier.
(Exemplaires immatures de la station 446.)

Fig. 19. — Le corps, les appendices céphaliques et la base des pattes, face dorsale. Gr. 10.
Fig. 20. — Les mêmes parties vues du côté gauche. Gr. 13.
Fig. 21. — Les mêmes parties, face ventrale. Gr. 13.
Fig. 22. — Deuxième patte gauche, vue un peu obliquement par a face antérieure. Gr. 13.

Ammothea communis Bouvier.

Fig. 23. — Le corps (sauf la trompe) et la naissance des pattes dans un exemplaire mâle. Gr. 23.
Fig. 24. — Le corps, les ovigères et la naissance des pattes ; même exemplaire, face ventrale. Gr. 30.
Fig. 25. — Le corps, les chélicères, la naissance des palpes et des pattes dans une femelle, face dorsale. Gr. 23.
Fig. 26. — Le corps, la naissance des palpes, les ovigères et la naissance des pattes, face ventrale du même exemplaire. Gr. 23.

Fig. 27. — Le corps et les appendices vus de côté. Gr. 23.

Fig. 28. — Palpe d'une femelle. Gr. 46.

Fig. 29. — Ovigère de la même femelle. Gr. 46.

Fig. 30. — Les quatre derniers articles du même ovigère. Gr. 96.

Fig. 31. — Les deux tiers basilaires de la quatrième patte droite d'un mâle, face postérieure. Gr. 23.

Fig. 32. — Deuxième patte droite d'une femelle, face postérieure. Gr. 46.

Ammothea affinis nov. sp.
(Grand exemplaire immature.)

Fig. 33. — Face dorsale sans les pattes, sauf la première coxa. Gr. 30.

Fig. 34. — Chélicère droite, face supérieure. Gr. 64.

Fig. 35. — Palpe droit. Gr. 64.

Fig. 36. — Une patte antérieure. Gr. 23.

Leionymphon antarcticum Bouvier.
(Exemplaire mâle de la station 130.)

Fig. 37. — Le corps et les appendices céphaliques vus de côté ; exemplaire mâle. Gr. 7.

Fig. 38. — Ovigère du même (l'extrémité de l'appendice fait défaut). Gr. 7.

Fig. 39. — Troisième patte gauche du même, face antérieure. Gr. 3 1/2.

Leionymphon grande Pfeffer.
(Exemplaire de la station 243.)

Fig. 40. — Partie antérieure du corps et appendices céphaliques d'une femelle, face dorsale. Gr. 3.

Fig. 41. — Le corps vu du côté droit, avec la base de la trompe, du palpe droit et des
pattes ; même exemplaire. Gr. 3.

Fig. 42. — Les mêmes parties et les ovigères du même exemplaire, face ventrale.
Gr. 2 1/4.

Fig. 43. — Deux des spinules du fémur. Gr. 96.

Fig. 44. — Le deuxième segment du tronc vu de côté et en arrière, et la deuxième patte
vue par sa face postérieure. Gr. 2 1/2.

Fig. 45. — Extrémité de l'ovigère d'une femelle. Gr. 10.

Fig. 46. — Ovigère d'un mâle à partir du deuxième article, face latérale. Gr. 3 1/2.

Fig. 47. — Extrémité distale du même ovigère. Gr. 13.

Fig. 48. — Chélicère gauche d'un immature dont le corps mesure 15 millimètres depuis
le bord frontal jusqu'à la base de l'abdomen, face dorsale. Gr. 10.

Pl. I

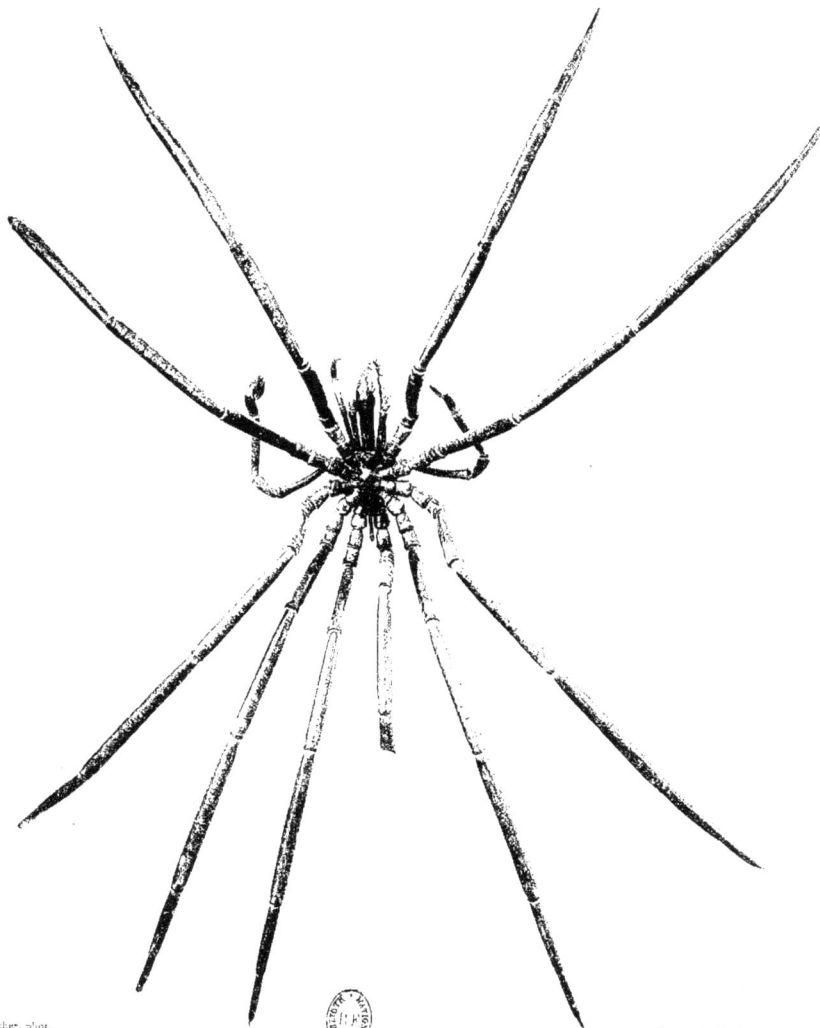

Pycnogonides.

Masson & Cie, Éditeurs

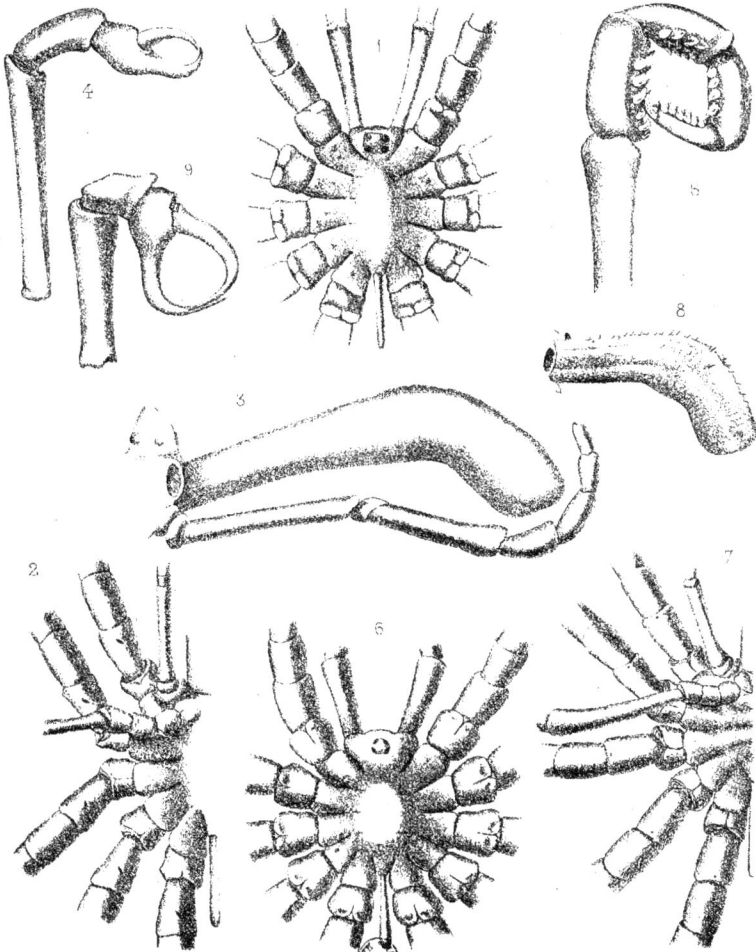

Pycnogonides.

Masson.à.Cie Editeurs

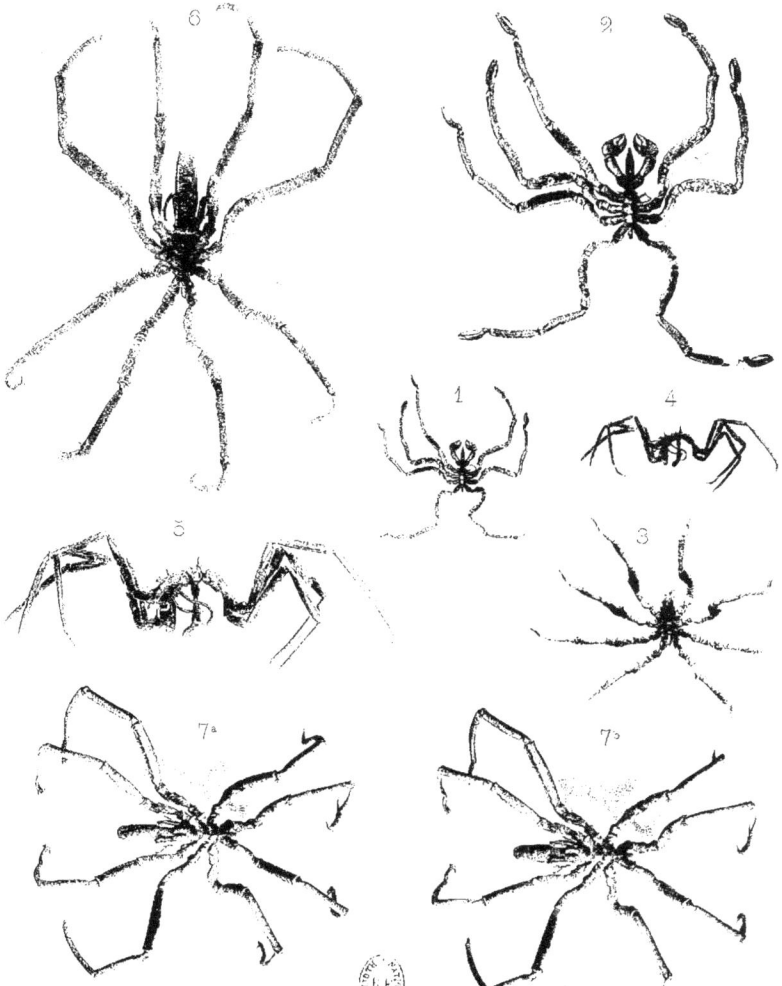

Pycnogonides.

H. Fischer et A. Quidor, phot.

Phototypie Berthaud.

Masson & Cie, Éditeurs

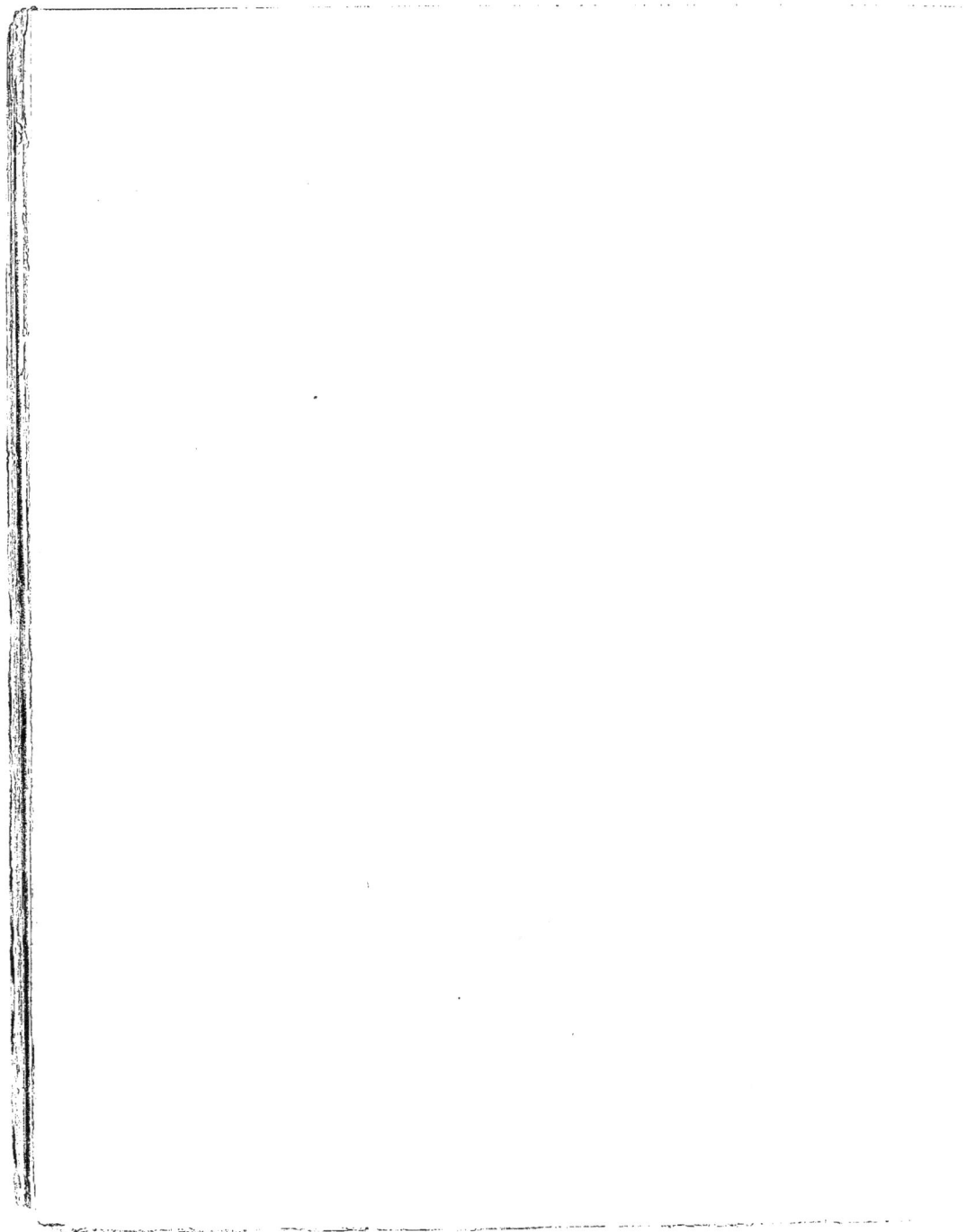

MYRIAPODES

Par M. H. BRÖLEMANN

CORRESPONDANT DU MUSÉUM

N° 474. Un *Lithobius* pris à l'intérieur du navire, sur les vêtements, au mouillage de l'île Booth-Wandel, le 19 avril 1904.

Autant que je puis en juger, ce *Lithobius* n'est pas autre chose que le *Lithobius melanops* Newport, 1845, qui se rencontre fréquemment en France, notamment dans le nord et le centre.

Il ne concorde pas comme coloration, il est vrai, mais celle-ci est sujette à bien des variations. Par contre, comme détails de structure (épines, dents, nombre d'articles des antennes, pores, etc., etc.), je ne vois aucune différence avec la description de Latzel, qui est excellente à tous égards. Je signalerai en outre que ce *Lithobius*, connu autrefois sous le nom synonyme de *glabratus* Koch, vit à Paris dans quelques maisons, et le n° 900 de ma collection est un individu pris précisément dans ces conditions (si je me souviens bien, dans une de mes armoires humides de la rue de Marignan).

Il est donc fort possible qu'il ait été emporté de France par l'Expédition Charcot.

Il y a lieu de signaler que ni l'Expédition autrichienne du détroit de Magellan ni celle de la « Belgica » n'ont rapporté de Lithobies de leur escale à la Terre de Feu.

COLLEMBOLES

Par M. J. CARL

DU MUSÉUM D'HISTOIRE NATURELLE DE GENÈVE

Les Collemboles recueillis par l'Expédition antarctique du « Français » appartiennent à quatre espèces, dont les trois premières sont des formes caractéristiques de l'Antarctide.

1. Achorutoïdes antarcticus Willem.

WILLEM V. *Résultats du « S. Y. Belgica ». Collemboles*, sep., p. 8, Pl. II, fig. 3-10 ; Pl. III, fig. 1-3.

Ile Hovgaard, dans les mousses ; île Booth-Wandel, dans la mousse et les lichens des rochers.

Une espèce très voisine a été décrite par C. SCHFFEÄR (*Hamburger Magalhaensische Sammelreise ; Apterygoten*, p. 8, 9, 1897) de la Géorgie du Sud sous le nom de *Pseudotullbergia grisea*. Le genre *Achorutoïdes* Willem ne se distinguerait de *Pseudotullbergia* Schäffer, à en juger d'après les diagnoses, que par la présence d'une fourche très rudimentaire. Étant donné que Schäffer ne possédait de son espèce que trois exemplaires, il se pourrait que la présence d'une fourche très réduite lui ait échappé et que, sinon les deux espèces, au moins les deux genres *Pseudotullbergia* et *Achorutoïdes* se confondent.

2. Cryptopygus antarcticus Willem.

WILLEM V. *Résultats du « S. Y. Belgica ». Collemboles*, sep., p. 11, Pl. III, fig. 7 ; Pl. IV, fig. 1-6.

Ile Booth-Wandel, dans la boue, dans les mousses et les lichens des rochers.

COLLEMBOLES.

3. Isotoma octo-oculata Willem.

WILLEM V. *Résultats du « S. Y. Belgica ». Collemboles*, sep., p. 13, Pl. IV, fig. 7-11.

Ile Booth-Wandel, dans les mousses et les lichens des rochers.

4. Isotoma spec.

Voisine de *Isotoma viridis* Bourl. et de *I. georgiana* Schäffer. L'état de conservation de l'unique exemplaire ne nous permet pas de l'attribuer avec certitude à l'une ou l'autre de ces deux espèces.

Ile Hovgaard, dans la mousse.

COLÉOPTÈRES

Par Pierre LESNE

ASSISTANT AU MUSÉUM NATIONAL D'HISTOIRE NATURELLE

Les Coléoptères qui font l'objet de la présente notice ont été recueillis par M. le Dʳ Turquet, pendant une relâche du bateau « Le Français », portant l'Expédition antarctique dirigée par M. le Dʳ J. Charcot. Bien qu'ils se trouvent en nombre tout à fait restreint et qu'ils ne puissent être comparés aux magnifiques récoltes d'animaux marins ressemblées également par M. Turquet au cours de la même mission, ils sont loin de manquer d'intérêt pour les collections du Muséum.

Des trois espèces de Coléoptères rapportées de Patagonie par la Mission antarctique, l'une est un curieux Ateuchide, l'*Eucranium dentifrons* Guér., dont le Muséum possédait déjà quelques exemplaires reçus d'Alcide d'Orbigny (1834) et de M. H. de La Vaulx (1897) ; le *Saprinus dolatus* Mars n'était encore connu, à ce qu'il semble, que par le type unique de l'espèce conservé au Muséum ; un Ténébrionide d'un groupe très caractéristique des régions désertiques de l'Amérique du Sud, le genre *Nyctelia*, constitue une forme nouvelle que nous faisons connaître ci-dessous.

1. Saprinus dolatus Marseul.

In *Annales de la Société entomologique de France* [1862], p. 482, tab. 13, fig. 40.

HABITAT. — Patagonie, plage de Port Madryn, sur un cadavre de Pingouin, 4 mars 1905. — Un individu.

Le type unique de l'espèce, conservé au Muséum, a été décrit comme provenant de Rio-Janeiro. Le spécimen de Port Madryn, qui mesure $2^{mm},7$ de longueur, n'en diffère que par des particularités qui ne paraissent pas spécifiques. Les élytres sont noirs seulement à la base et

roux sur les trois quarts postérieurs ; leurs stries sont moins fines et
moins nettement ponctuées que chez le type, et la troisième n'est pas
abrégée à la base. Les spinules des tibias postérieurs sont pointues et plus
longues que chez le type.

2. Nyctelia circumundata Lesne.

In *Bulletin du Muséum d'Histoire naturelle*, 1906, p. 15, fig.

Long. 19-20 mill. — *Ovata, sat convexa, nigra, subnitida, supra,
glabra; prothorace fortiter transverso, trapezoidali, a basi usque ad apicem
gradatim attenuato, lateribus leviter arcuatis, postice reflexis, angulis pos-
ticis acutis, apice rotundatis, retrorsum vergentibus ; pronoto medio tenuiter, lateraliter fortius, punctato ; scutello inviso ; elytris (præter regionem
scutellarem) subopacis, tenuiter vermiculatis, haud granulatis, lateribus
undulatis, transversim 11-sulcatis, sulcis brevibus, latis, leviter sinuatis,
margine externo tenuiter crispato haud granulato, disco regulariter convexo,
medio obsoletissime longitudinaliter sulcato, angulo apicali in lamina
explanata coriacea, subelongata, apicem versus gradatim attenuata,
producto ; antennis pedibusque gracilioribus, concoloribus.*

Ovalaire, modérément convexe en dessus, entièrement noir, assez bril-
lant sur la tête, le prothorax et la base des élytres. Dessus de la tête, pronotum et élytres glabres. Région clypéale de la tête éparsement et assez
fortement ponctuée et marquée en outre, en arrière, dans la dépression
interoculaire, d'une ponctuation très fine et très serrée. Front lisse. Labre
éparsement ponctué et pubescent en dessus, anguleusement échancré en
avant. Antennes fines, leur troisième article mince, plus large à l'apex qu'en
son milieu, nullement ventru. Prothorax trapézoïdal, rétréci dès la base,
échancré en avant, ses angles antérieurs saillants, aigus, pointus ; bords
latéraux réfléchis sur plus de leur moitié postérieure, marginés en arrière ;
angles postérieurs saillants en arrière et un peu lobés. Pronotum finement
et assez densément ponctué au milieu, fortement ponctué sur les côtés
dans chacune des dépressions latérales. Écusson non visible. Élytres
lisses ou presque lisses dans la région scutellaire, finement vermiculés
et comme coriacés sur le reste de leur surface, sans granules disséminés,

dépourvus de sillons longitudinaux (à part une très faible indication de sillon discoïdal en arrière), prolongés chacun à l'apex en un lobe explané, redressé horizontalement, graduellement rétréci en arc de la base au sommet, arrondi au bout, à surface coriacée, et séparé de son homologue par une étroite incision. Bords des élytres marqués d'environ 11 sillons transversaux larges et courts, légèrement flexueux et n'atteignant pas le tiers de la largeur de chaque élytre. Bord externe des élytres finement crispé, mais non râpeux. Surface du lobe prosternal, du mésosternum, du métasternum et milieu du premier segment abdominal vermiculés. Segments 2 et 3 de l'abdomen finement ridés longitudinalement.

HABITAT. — Port Madryn, dans la brousse, 4 mars 1905. — Deux individus ♂.

Cette espèce est voisine du *Nyct. latissima* Blanch. découvert par A. d'Orbigny dans les dunes de la baie de San-Blas, au nord de l'embouchure du rio Negro. Elle en diffère par son tégument élytral finement vermiculé et complètement privé de granules, par la conformation de l'apex des élytres, par les antennes et les pattes plus grêles, par le prosternum imponctué au milieu, les bords du prothorax réfléchis et ses angles postérieurs plus prolongés en arrière. La sulcature des élytres est la même chez les deux espèces.

Le *Nyctelia circumundata* se rapproche surtout du *N. planicauda* Fairmaire (*Ann. soc. ent. Fr.*, 1905, p. 294) du Gouvernement de Santa-Cruz, dont le Muséum possède un spécimen type. Mais, chez l'espèce de Port Madryn, le corps est plus atténué en avant, les antennes sont plus grêles et moins courtes, le pronotum est moins densément ponctué, ses angles postérieurs sont plus longuement prolongés en arrière, et son bord antérieur présente une frange de soies blanches plus courtes que chez le *planicauda*. Les sillons transverses latéraux des élytres sont beaucoup plus courts et moins ondulés ; les lobes apicaux des élytres sont déhiscents

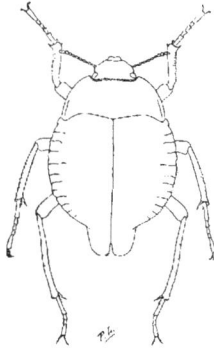

Fig. 1. — *Nyctelia circumundata* ♂.

8 COLÉOPTÈRES.

au lieu d'être accolés l'un à l'autre ; enfin les pattes sont notablement plus grêles, et les tibias postérieurs sont nettement arqués au lieu d'être presque droits.

3. Eucranium dentifrons Guérin.

In *Magasin de Zoologie*, 1838, p. 40.

Habitat. — Port Madryn, sur le sable, 4 mars 1905. — Un individu.

C'est vraisemblablement à tort que Burmeister (1) a réuni à cette espèce l'*Anomiopsis Ælianus* Blanch., rapporté par A. d'Orbigny de la baie de San-Blas et dont le Muséum possède le type. Cette forme se distingue du *dentifrons* notamment par la carène marginale externe des élytres obtuse et à peine saillante et par la carène du vertex effacée au milieu. Burmeister a précisément invoqué ces caractères pour diviser les *Eucranium* en deux groupes. Il est évident qu'il n'avait pas vu le type de Blanchard. L'*E. Ælianus* se rapprocherait surtout de l'*E. arachnoides* Brullé, ainsi que Blanchard l'avait déjà signalé.

Outre l'exemplaire de d'Orbigny provenant de la baie de San-Blas, au nord de l'embouchure du Rio Negro, et celui de la Mission Charcot provenant de Port Madryn, au sud de la péninsule de San-José, le Muséum a reçu un petit nombre d'exemplaires du même *E. dentifrons* pris par M. H. de La Vaulx sur les rives du Rio Negro et dans le trajet du Rio Negro au Rio Teca.

(1) H. Burmeister, Die Ateuchiden ohne Fusskrallen (*Berl. ent. Zeitschr.*, 1861, p. 60).

HYMÉNOPTÈRES

Par R. DU BUYSSON

DU MUSEUM NATIONAL D'HISTOIRE NATURELLE DE PARIS

POMPILIDES

1. Pepsis limbata Guérin-Méneville.

1 ♀. 42″ lat. Sud. Patagonie, Port Madryn ; mars 1905.

Ce Pompilide est le plus gros de l'Amérique du Sud, et il est assez répandu. Il a été décrit en 1830, pour la première fois, par Guérin-Méneville dans le voyage de Duperrey sur « La Coquille » (*Zoologie*, II, Partie II, *1830*, p. 255, ♂, ♀). Il a été repris par Gay au Chili, dans plusieurs localités : Santiago, Coquimbo et San-Carlos, en février. Dahlbom le signale de Valparaiso et l'appelle *Pepsis Thoreyi* (*Hymenoptera europæa*, I, 1845, p. 465, ♀) ; et Taschenberg le décrit de nouveau sous le nom de *Pepsis aciculata* (*Zeitschr. gesamm. Nat. Sachs. u. Thuring.*, 1869, p. 29) comme provenant de Rio-Janeiro.

Dans les collections du Muséum national d'Histoire naturelle de Paris, en outre du type de Guérin-Méneville recueilli à Conception par Dumont d'Urville, on trouve le *Pepsis limbata* de plusieurs localités du Chili et de la République Argentine. M. E.-R. Wagner en a rapporté une très belle série du Chaco de Santa-Fé et du Chaco de Santiago del Estero. Le mâle se distingue de suite de la femelle par ses antennes énormes, qui restent droites.

FORMICIDES

2. Atta (Acromyrmex) lobicornis Emery.

Nombreuses ouvrières. 42″ lat. Sud. Patagonie. Port Madryn ; 10 mars 1905.

C'est à M. le professeur Carlo Emery, de Bologne, que l'on doit la connaissance de cette Fourmi (*Bulletino della Societa entomologica italiana*, 1887, p. 358). Elle doit être, comme ses congénères, nuisible à l'agriculture. Son aire de dispersion comprend le Brésil et la République Argentine. M. Ernest André, l'historien des Fourmis, a bien voulu confirmer notre détermination.

DIPTÈRES

Par M. E. ROUBAUD

DE LA MISSION FRANÇAISE DE LA MALADIE DU SOMMEIL

L'Expédition a capturé, en assez grand nombre, les curieux Sciarides aux ailes rudimentaires découverts antérieurement par l'Expédition antarctique belge et décrits par le D' Jacobs sous le nom de *Belgica antarctica* (*Ann. Soc. Ent. Belgique*, 1900, XLIV).

Une fort bonne étude morphologique et systématique ayant été donnée par Ew.-H. Rübsaamen, nous nous contenterons de renvoyer à ce travail pour la description de l'espèce et la diagnose précise du genre (Expédition antarctique belge : *Chironomides*, p. 74-83, Pl. III et IV).

Sur une cinquantaine d'exemplaires recueillis par l'Expédition, il nous a été impossible de découvrir aucun représentant du nouveau genre *Jacobsiella* de Rübsaamen. A ce point de vue, la croisière française a été moins heureuse que celle de la « Belgica ».

De nombreuses larves de Chironomides, offrant les mêmes caractères que celles qui ont été recueillies par l'Expédition belge, sont jointes aux *Belgica antarctica* Jacobs, de la Mission Charcot.

Si, comme paraissent le démontrer les recherches de Rübsaamen, les Diptères en question appartiennent bien à la famille des Sciarides (1), les larves qui les accompagnent laissent supposer la présence d'un Chironomide encore inconnu dans les régions antarctiques.

1° Stations où fut récoltée la *Belgica antarctica*.

N° 85, 23 février 1904. — Ile Booth-Wandel. Un exemplaire, dans la mousse.
N° 679, 10 novembre. — Ile Booth-Wandel. Deux exemplaires, « dans la mousse et les algues des rochers ».

(1) M. Rübsaamen dit que, par son aspect général, la *Belgica antarctica* présente la plus grande ressemblance avec les Sciarides, mais que, pourtant, les cerques de la femelle sont réduits à un article, tandis qu'ils en ont deux chez les Sciarides.

N° 686, 4 décembre. — Six exemplaires capturés dans la même île et dans les mêmes
    conditions.
N° 689, 4 décembre. — Même île. Un exemplaire, mousse et lichens des rochers.
N° 690, 4 décembre. — Un exemplaire capturé dans la même île et dans les mêmes
    conditions.
N° 695, 696 et 697, 4 décembre. — Quinze exemplaires capturés à l'île Booth-Wandel
    dans la mousse des rochers.

2° Station où furent récoltées les larves de Chironomides.

N° 88, 22 février 1904. — Ile Hovgaard. Six exemplaires dans la mousse des rochers.
N° 91, 22 février. — Deux exemplaires capturés dans la même île et dans les mêmes con-
    ditions.
N° 658, 20 novembre. — Douze exemplaires capturés dans la même île et dans les mêmes
    conditions.

PÉDICULIDÉS, MALLOPHAGES, IXODIDÉS

Par L.-G. NEUMANN

PROFESSEUR A L'ÉCOLE NATIONALE VÉTÉRINAIRE DE TOULOUSE

La collection soumise à mon examen comprenait huit tubes.

Deux renfermaient une espèce de Pédiculidés (*Antarctophthirus ogmorhini* Enderl.), dont les exemplaires avaient été recueillis, les uns sur un Phoque crabier, les autres dans les mousses et les lichens des rochers.

Les autres tubes, sauf un, provenaient du Pétrel des neiges (*Pogodroma nivea* Lath.) et de *Sterna hirundo* L. ; ils ont fourni deux espèces de Mallophages, dont une nouvelle : *Philopterus melanocephalus* Nitzsch et *Degeeriella Charcoti* n. sp.

Enfin un tube contenait une Tique provenant d'un Oiseau, car elle était accompagnée de fragments de plume. C'est *Ixodes auritulus* Neum.

Le détail de cette collection est indiqué dans ce qui suit.

PEDICULI

Antarctophthirus ogmorhini Enderlein.

1906, *Antarctophthirus ogmorhini*, G. Enderlein, *Zoologischer Anzeiger*, XXIX, nᵒˢ 21-22, p. 622, fig. 1-2.

N 95. — 7 exemplaires (2 ♂, 5 ♀). — « Sur le Phoque crabier; Ile Booth Wandel, le 14 février 1904. »

N° 691. — 6 exemplaires (1 ♂, 5 ♀). — « Sur les mousses et lichens des rochers ; Ile Booth Wandel, 4 décembre 1904. »

Note. — Cette espèce a été établie, en même temps que le genre *Antarctophthirus*, par G. Enderlein, d'après un des treize exemplaires appartenant au British Museum et recueillis dans la région antarctique, sur ou dans le voisinage de la Terre Victoria, sur un jeune *Ogmorhinus leptonyx* (Blainv.), par la « Southern Cross Expedition ».

Le genre *Antarctophthirus* appartient à la famille des *Echinophthiridæ* et se distingue des genres *Echinophthirius* Gieb. et *Lepidophthirus*

Enderl. par la présence de cinq articles aux antennes, au lieu de quatre. Il ne comprend que deux espèces : *A. ogmorhini* Enderl. et *A. microchir* (Trt. et Neum.).

A. ogmorhini a, jusqu'à présent, pour hôtes *Ogmorhinus leptonyx* (Blainv.) et *Lobodon carcinophagus* (Jacquin. et Puch.) , ou l'Phoque crabier. Mais il peut probablement infester les divers Phocidés qui fréquentent les mêmes parages antarctiques, puisqu'on le trouve dans les « mousses et les lichens » des rochers, où il est laissé par des individus très phthiriasiques.

MALLOPHAGA

Philopterus melanocephalus Nitzsch.

1818, *Philopterus melanocephalus* Chr.-L. Nitzsch, *Magazin der Entomologie*, III, p. 290.

1835, *Docophorus melanocephalus* H. Burmeister, *Handbuch der Entomologie*, II, p. 426.

1866, *Docophorus caspicus* C.-G. Giebel, *Zeitschrift f. ges. Naturwiss.*, XXVIII, p. 361.

1866, *Docophorus laricola* (Nitzsch) C.-G. Giebel, *Zeitschrift f. ges. Naturwiss.*, XXVIII, p. 363.

1871, *Docophorus melanocephalus* + *D. lobaticeps* C.-G. Giebel, *Insecta epizoa*, p. 110, pl. XI, fig. 8.

1880, *Docophorus melanocephalus* E. Piaget, *Les Pediculines*, p. 109, Pl. IX, fig. 5.

N° 596. — 4 exemplaires (1 ♂, 3 ♀). — « Sur le Pétrel blanc ; Ile Booth-Wandel, le 30 octobre 1904. »

N° 603. — 2 exemplaires (♀). — « Sur le Pétrel blanc ; Ile Booth-Wandel, le 30 octobre 1904. »

N° 612. — 3 exemplaires (♂). — « Sur le Pétrel des neiges, *Pogodroma nivea* ; Ile Booth-Wandel, le 1ᵉʳ novembre 1904. »

N° 722. — 2 exemplaires (♀). — « Sur *Sterna hirundinacea* ; Ile Booth-Wandel, le 14 décembre 1904. »

Note. — Nitzsch assigne pour hôte à cette espèce les *Larus* et les *Sterna* ; Giebel, *Larus ridibundus*, *Sterna caspia* et *Sterna cantiaca* ; Piaget, *Sterna cantiaca* et *Larus cirrhocephalus* (du Paraguay).

Piaget considère comme une variété à peine distincte ses exemplaires de *Sterna hirundo* et de *St. gracilis* (de l'Obi) ; et il assimile à *Philopterus melanocephalus* les *Docophorus* recueillis par Giebel sur *Sterna hirundo* et *St. fissipes* et nommés par lui *D. lobaticeps*.

Degeeriella Charcoti n. sp. (1).

Tête arrondie en avant, plus longue que large, s'élargissant jusqu'aux tempes, qui sont un peu plus larges que l'angle antennal antérieur ; sinus antennal un peu en arrière du milieu de la longueur. Tempes à peine

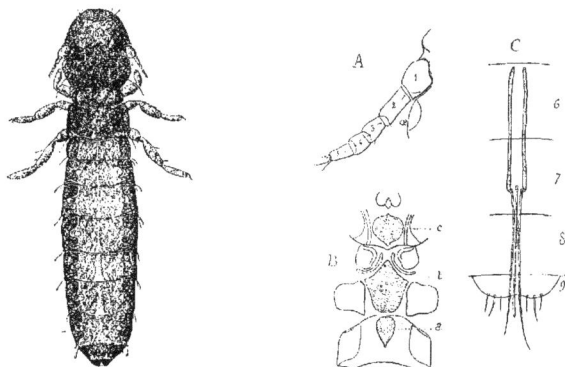

Fig. 2. — *Degeeriella Charcoti* ♀, face dorsale (× 27).

Degeeriella Charcoti. — A, antennes de la ♀ (× 125). — B, taches de la face ventrale de la ♀ ; *c*, tache céphalique ; *t*, tache thoracique ; *a*, tache du premier segment abdominal (× 40). — C, appareil génital du ♂ (× 90), avec les numéros d'ordre des segments de l'abdomen.

anguleuses ; occiput droit. Bandes antennales recourbées au dedans à leur origine, où elles laissent entre elles un intervalle supérieur au tiers de la largeur de la tête, mais réunies l'une à l'autre par une bande transversale un peu concave en avant, le bord antérieur étant longé par une bande étroite. Un poil très court au niveau de la suture, un autre à l'origine de la bande transversale, une longue soie latérale à chaque tempe. Trabécules à peine visibles. Bandes occipitales larges à la base, divergentes en avant. Bandes oculaires en forme de taches transversales. Bandes temporales presque linéaires. Signature large, acuminée en avant avec un court pédicule en arrière. Antennes à premier et deuxième articles de même

(1) Le genre *Degeeriella* Neum. remplace le genre *Nirmus*. Le nom de *Nirmus* avait été substitué arbitrairement par Hermann à celui de *Ricinus*, qui a repris sa place dans la nomenclature. *Nirmus* est ainsi devenu caduc [L.-G. Neumann, Notes sur les Mallophages (*Bull. de la Soc. zool. de France*, XX, p. 54 ; 1906)].

longueur et égaux chacun aux troisième et quatrième réunis, qui sont égaux entre eux et plus courts que le cinquième ; le premier presque aussi large que long, les quatre autres moitié moins larges et tous de même diamètre.

Prothorax très court, large. Métathorax presque rectangulaire, un peu angulaire sur l'abdomen, avec cinq longues soies à l'angle et au bord postérieurs. Signature arrondie en arrière, rétrécie en pointe en avant, avec les angles latéraux saillants.

Abdomen étroit, allongé, à peine plus large aux quatrième et cinquième segments ; les bandes latérales très colorées, échancrées par le stigmate vers le milieu à la face dorsale, plus étroites et à bords parallèles à la face ventrale. Taches dorsales foncées, réunissant les bandes latérales, s'affrontant sur la ligne médiane. Taches ventrales non contiguës aux bandes latérales, ininterrompues sur la ligne médiane ; celle du premier segment étroite, piriforme, à sommet postérieur. Deux soies aux angles postérieurs ; quatre ou six soies médianes en avant du bord postérieur sur les sept premiers segments. Le huitième segment est bordé de blanc en avant et en arrière. Le neuvième est échancré avec deux petites taches chez la ♀, peu échancré avec une seule tache transversale chez le ♂.

Tache génitale ♀ sur le septième segment, lyriforme (limitée latéralement par deux bandes en S, symétriques, peu courbées, et en arrière par une arcade).

Appareil ♂ long, étroit, à appendices extérieurs rapprochés, subrectilignes, le pénis filiforme, très long.

Couleur générale châtain foncé ; bandes noirâtres.

	Longueur.		Largeur.	
	♂	♀	♂	♂
Tête..............	0mm,50	0mm,60	0mm,41	0mm,48
Thorax............	0mm,33	0mm,40	0mm,38	0mm,43
Abdomen.........	1mm,34	1mm,80	0mm,42	0mm,52
Antennes.........	0mm,19	0mm,22		
3e Fémur.........	0mm,20	0mm,25		
3e Tibia..........	0mm,15	0mm,20		

Longueur totale : ♂, 2mm,15 ; ♀, 2mm,70.

5 ♂ et 8 ♀, sur trois *Pogodroma nivea*.

IXODIDÆ

Ixodes auritulus Neum.

1899, *Ixodes thoracicus* Koch, L.-G. Neumann, Révision de la famille des Ixodidés, 3ᵉ Mémoire (*Mém. de la Société zoologique de France*, XII, p. 149).
1904, *Ixodes auritulus* L.-G. Neumann, Notes sur les Ixodidés, II (*Archives de Parasitologie*, VIII, p. 450).

Nᵒ 340. — 1 exemplaire (♀), accompagné de fragments de plumes. Parages de l'île Booth-Wandel.

Note. — Cette espèce a été établie d'après 4 exemplaires ♀ recueillis à Punta Arenas (Terre de Feu) par Lebrun, sur un Oiseau non déterminé, des fragments de peau emplumée adhérant au rostre.

L'exemplaire actuel est identique aux premiers.

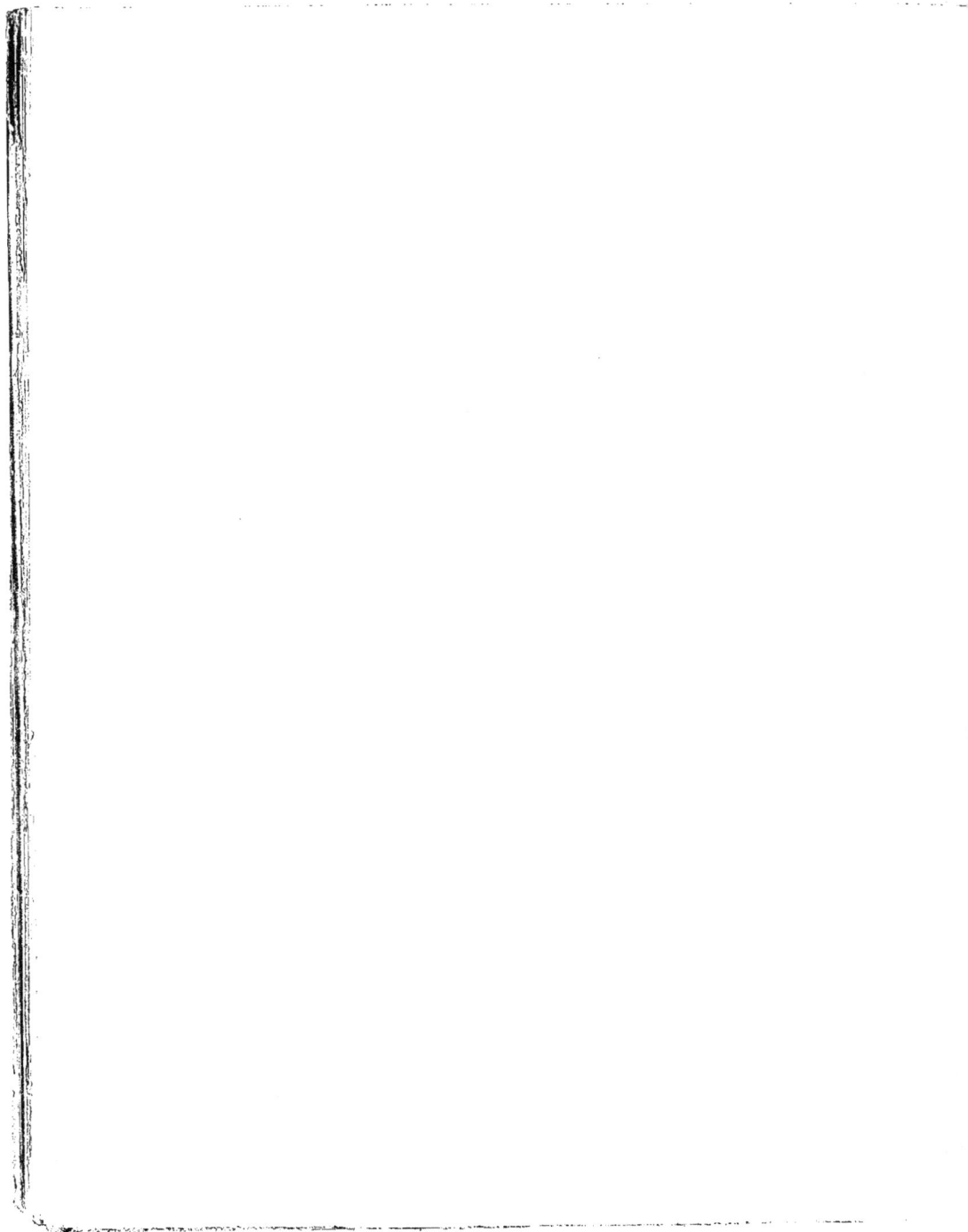

SCORPIONIDES

Par M. Eugène SIMON

CORRESPONDANT DU MUSÉUM

Un *Bothriurus Burmeisteri* Kræpelin, capturé à Port Madryn.

Les *Bothriurus* sont des Scorpionides propres à l'Amérique méridionale et répandus surtout dans la région australe de cette partie du monde. Le Muséum en possédait jusqu'ici trois espèces : le *B. d'Orbignyi* Guérin (exemplaire capturé en Patagonie par M. H. de La Vaulx), le *B. signatus* Pocock (exemplaires de Patagonie, du Chili, de la Nouvelle-Grenade) et le *B. vittatus* Guérin (exemplaires de Buénos-Ayres et de Cayenne).

A cette petite collection vient s'ajouter, grâce aux récoltes du « Français », le *B. Burmeisteri*, qui est une espèce plus rare.

ACARIENS MARINS

Par E.-L. TROUESSART

PROFESSEUR AU MUSÉUM D'HISTOIRE NATURELLE DE PARIS
Avec 3 figures d'après les dessins de

G. NEUMANN

PROFESSEUR A L'ÉCOLE VÉTÉRINAIRE DE TOULOUSE

FAMILLE DES *HALACARIDÆ*.

Ainsi que l'auteur de ces lignes l'avait prévu en terminant l'étude des Acariens de la « Belgica » (1), les Halacaridés, ou Acariens Marins, ne font pas plus défaut aux mers Antarctiques qu'aux mers Arctiques. L'Expédition anglaise à bord de la « Discovery » a rapporté des parages de Granite Harbour une espèce de cette famille que j'ai décrite (2), comme une sous-espèce de *Leptospathis Alberti* Trt. (qui vit sur les côtes du Spitzberg), sous le nom de *Leptospathis Alberti antarctica* Trt. Il est probable que cette espèce, qui vit à une certaine profondeur (entre 48 et 430 mètres), dans l'océan Arctique, se retrouvera dans de nombreuses stations intermédiaires entre les deux pôles.

De son côté, le professeur H. LOHMANN (de Kiel) vient de publier les courtes diagnoses préliminaires (3) des espèces d'Halacaridés rapportées par l'Expédition antarctique allemande de son voyage d'exploration dans les mers du Sud. Cette collection renferme vingt-six espèces recueillies non seulement sur l'Antarctide, mais aussi au voisinage des continents et des îles qui forment la limite septentrionale de l'océan Glacial Antarc-

---

(1) *Résultats du voyage du « S. Y. Belgica »* (Zoologie, Acariens), 1903, p. 10.
(2) *National Antarctic Expedition, Natural History*, vol. III, Acari, p. 1-6, Pl. I (1907).
(3) Ueber einige faunistiche Ergebnisse der Deutschen Süd-Polar-Expedition, — Besonderer Berücks. der Meersmilben (*Schriften des Naturw. Vereins f. Schleswig-Holstein*, Bd. XIV, Heft 1, 1907, p. 1-14).

tique (Cap, îles Saint-Paul et Kerguelen, Nouvelle-Zélande). Voici la liste de ces espèces :

1. *Rhombognathus apsteini* n. sp. — Kerguelen.
2. — *magnus* n. sp. — Kerguelen.
3. *Leptospathis Drygalskii* n. sp. — Kerguelen et Antarctide.
4. — *villosus* n. sp. — Antarctide.
5. — *debilis* n. sp. — Cap et Saint-Paul.
6. — *agauoides* n. sp. — Antarctide.
7. — *tenuirostris* n. sp. — Antarctide.
8. — *occultus* n. sp. — Antarctide.
9. *Halacarus novus* n. sp. — Kerguelen et Saint-Paul.
10. — *novior* n. sp. — Kerguelen.
11. — *Harrioti kerguelensis* n. subsp. — Kerguelen.
12. — *gracile-unguiculatus* n. sp. — Kerguelen.
13. — *Werthi* n. sp. — Kerguelen.
14. — *actenus* Trt. — Kerguelen.
15. — *minor* n. sp. — Antarctide.
16. — *excellens* n. sp. — Antarctide.
17. *Copidognathus simonis* n. sp. — Cap.
18. — *oculatus* (Hodge). — Kerguelen.
19. — *kerguelensis* (1) n. sp. — Kerguelen.
20. — *Vanhöffeni* n. sp. — Antarctide.
21. — *gibbus* Trt. — Cap.
22. *Agaue antarctica* n. sp. — Kerguelen et Antarctide.
23. — *microrhyncha paulensis* n. subsp. — Saint-Paul.
24. *Werthella parvirostris* (Trt.). — Nouvelle-Zélande et Kerguelen.
25. *Lohmannella falcata* (Hodge). — Kerguelen et Antarctide.
26. — *gaussi* n. sp. — Kerguelen et Antarctide.

Cette liste montre que cinq espèces au moins (11, 14, 18, 21, 25) se retrouvent dans l'hémisphère septentrional. On remarque aussi que le genre *Leptospathis* semble très répandu dans les mers du Sud ; en effet, aux six espèces dénommées ci-dessus (3 à 8), il faut ajouter les cinq espèces recueillies par le « National » (savoir *Leptospathis nationalis* Lohm., *L. hispidus* Lohm., *L. panopæ* Lohm., *L. hypertrophicus* Lohm., *L. thalia* Lohm.) et les deux espèces décrites ci-dessous ; toutes sont des mers du Sud ou tout au moins des mers intertropicales. Deux espèces seulement (*Leptospathis Chevreuxi* Trt. et *L. Alberti* Trt.) sont communes aux deux hémisphères, tandis que les treize autres semblent surtout répandues dans les mers intertropicales et dans l'océan Antarctique, le genre s'amoin-

---

(1) Ce nom de *kerguelensis* devra être changé comme faisant double emploi avec la sous-espèce 11, le genre *Copidognathus* n'étant, pour M. Lohmann, qu'un sous-genre d'*Halacarus*.

drissant peu à peu à mesure que l'on s'avance vers le nord (*L. Chevreuxi*
ne dépasse pas la Manche). Le *L. Alberti*, de l'océan Arctique, constitue
une exception remarquable ; mais on doit considérer cette espèce comme
un type des grandes profondeurs, qui a pu émigrer lentement et passer
ainsi d'un pôle à l'autre.

Genre LEPTOSPATHIS Trouessart, 1894.

1889. *Leptopsalis* Trt., *Le Naturaliste*, XI, p. 102 ; *Bull. Sc. de France et Belgique*,
    t. XX, p. 244 (nec *Leptopsalis* Thorell, 1882).
1894. *Leptospathis* Trt., *Revue biol. du Nord de la France*, t. VI, p. 174 (Sous-genre ;
    type *Halacarus Chevreuxi*).
1901. *Polymela* Lohm., *Das Tierreich, Hydrachnidæ und Halacaridæ*, p. 287 (Sous-
    genre : type *Hal. Chevreuxi*).
1907. *Leptospathis* Trt., *National Antarctic Expedition, Natural History*, t. III, Acari,
    p. 2 (genre).

CARACTÈRES. — Rostre grêle, allongé, à palpes parallèles ; l'hypostome
linéaire, en forme de spatule, plus étroit à sa base qu'à son extrémité,
atteignant le dernier article des palpes ; deuxième article des palpes très
long, le quatrième court, droit, atténué à sa pointe ; le troisième toujours
dépourvu de piquant interne. — Type : *Halacarus Chevreuxi* Trt., 1889.

J'ai cru devoir élever ce sous-genre au rang de genre, parce que la gracilité du rostre, l'allongement de l'hypostome, la faiblesse des palpes,
semblent indiquer un régime différent de celui des espèces du genre
Halacarus proprement dit. Les palpes, en particulier, semblent incapables
de saisir une proie vivante, comme le font les représentants types d'*Halacarus*, dont les palpes sont terminés par un article en forme de griffe, et
qui portent souvent une dent sur le pénultième article.

Remarque. — Lorsqu'en 1894 j'ai substitué le nom de *Leptospathis*
à celui de *Leptopsalis* (préoccupé), j'ai complètement réformé ce
groupe ; j'en ai écarté l'*Halacarus longipes*, fondé sur un spécimen
déformé d'*Hal. Murrayi* Lohm., et j'ai donné les caractères rectifiés
du sous-genre en indiquant comme type *Hal. Chevreuxi* ; j'ai eu soin de
noter que ce sous-genre était synonyme du *Chevreuxi-group* de M. LOH-
MANN. Cela équivalait à la création d'un sous-genre nouveau.

C'est donc sans nécessité que, dans son travail de 1901, postérieur de six ans au mien, M. LOHMANN a substitué le nom de *Polymela* à celui de *Leptospathis*.

Leptospathis Bouvieri n. sp.

Corps de forme ovale, sans cône terminal, l'anus étant infère; rostre très allongé; le deuxième article des palpes portant sur sa face supérieure, à l'extrémité distale, *un poil écailleux en forme d'éventail ouvert*; pattes robustes, pas plus longues que le corps sans le rostre; téguments des plaques dorsales et de la région proximale des pattes sculptés en forme d'alvéoles hexagonaux.

Rostre allongé, à base en tronc de cône arrondi, presque hémisphérique, à palpes subparallèles; le premier article très court, le deuxième très long, cylindrique, à peine renflé dans son milieu; son extrémité distale portant, en dessus, un poil écailleux, qui remplace le poil normal, en forme de soie, que la plupart des espèces portent à cette place (1); mais ici ce poil est dilaté en forme d'éventail ouvert (*flabelliforme*), son bord libre portant 12 à 15 dentelures grêles en forme de peigne. Le troisième article court, mais plus long que le premier; le quatrième deux fois plus long, conique, portant une soie dorsale atteignant l'extrémité du palpe. Hypostome très étroit, linéaire; mandibules styliformes, terminées par une griffe droite, grêle et faiblement dentée.

Tronc : face dorsale, bord du camérostome droit, un peu arrondi, à convexité antérieure; des échancrures au niveau de l'insertion de la première et de la deuxième paire de pattes; une échancrure plus faible au niveau de la troisième paire. — Plaque de l'épistome (dorsale antérieure) avec son bord antérieur formant le bord du camérostome, s'étendant latéralement jusqu'à l'échancrure de la première paire, terminée en arrière par un bord arrondi en demi-cercle, dont les extrémités latérales sont entre les deux échancrures, et séparée de la plaque notogastrique (dorsale postérieure) par un large espace de téguments finement plissés. Son champ fortement

---

(1) Le *Leptospathis punopæ squamiferus* Lohm., figuré (*Plankton-Expedition*, Halacarinen, 1893, Pl. III, fig. 8), a seul ce poil court, écailleux, en forme de bec de plume d'oie à écrire avec une très petite soie en face du bec de la plume.

criblé de fovéoles en forme d'alvéoles hexagonaux, visibles au moins par transparence. — Plaques oculaires irrégulièrement losangiques avec tous les angles arrondis, surtout l'externe, qui est à peine plus convexe que le bord des flancs ; l'angle antérieur arrondi en demi-cercle ; l'interne formant un angle arrondi à 60° ; le postérieur à 40° ; le champ criblé irrégulièrement et portant près du bord antéro-externe une surface saillante, arrondie, lisse, avec deux lentilles oculaires dans l'angle antéro-externe. Ces plaques sont séparées des deux autres plaques dorsales par un large espace de téguments finement plissés. — Plaque notogastrique ovale, ses bords latéraux n'atteignant pas le niveau du bord interne des plaques oculaires, séparée des flancs par un large espace

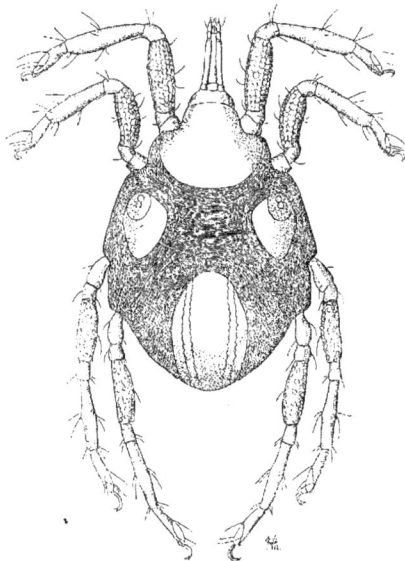

Fig. 1. — *Leptospathis Bouvieri* Trt., mâle, face dorsale × 75 (environ).

de téguments plissés, son bord postérieur atteignant l'extrémité de l'abdomen ; son champ obscurément criblé, mais portant deux bandes longitudinales saillantes, subparallèles, médiocrement larges, à surface lisse et dentelées sur leur bord.

Face ventrale : Toutes les plaques simplement granulées ou finement chagrinées. Plaque sternale grande, échancrée en avant en demi-cercle par l'ouverture du camérostome ; faiblement échancrée pour l'insertion des première et deuxième paires de pattes ; large, arrondie en arrière ; le bord postérieur se terminant latéralement au bord postérieur de l'échancrure de la deuxième paire. — Plaque ventrale (ou génitale) séparée de la précédente par un très large espace de téguments plissés,

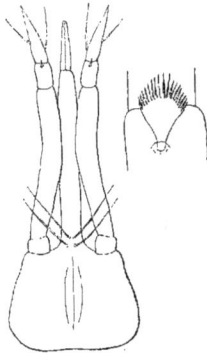

Fig. 2. — *Leptospathis Bourieri*, rostre, face ventrale × 240 (environ); à droite, le poil flabelliforme de l'extrémité dorsale du deuxième article des palpes × 800 (environ).

arrondie, à peu près aussi large ou plus large que longue, avec un cadre génital (mâle) presque annulaire, à rebord saillant, surtout en arrière, portant une couronne de poils grêles. Écusson anal moitié plus petit que le cadre génital, en forme d'écu renversé, séparé du cadre génital par une longueur égale à son propre diamètre. — Plaques coxales soudées ensemble, grandes, à angle interne arrondi.

Pattes robustes, décroissant de longueur dans l'ordre suivant : quatrième, troisième première, deuxième ; la plus longue à peine de la longueur du tronc ; les deux premières plus fortes et plus courtes que les postérieures. — Première paire : premier et deuxième articles courts ; le troisième (fémur), trois fois plus long que le précédent, renflé sur son bord supéro-interne, droit sur le bord inféro-externe ; fortement sculpté de fovéoles nettement saillantes, en forme d'alvéoles héxago-

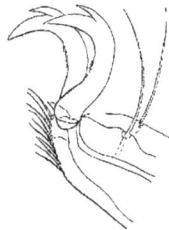

Fig. 3. — *Leptospathis Bouvieri*, extrémité du tarse et griffes de la première paire (gauche) × 500 (environ).

naux, plus ou moins allongés dans le sens de l'axe du membre, couvrant toute la surface sur environ 6 rangs (face externe) ; portant en dessus 4 poils : un vers les deux cinquièmes, un sur la saillie médiane, deux autres un peu avant l'extrémité, l'un sur le bord dorsal, l'autre un peu en dehors, au même niveau que le précédent. Un seul poil assez court en dessous, vers le premier tiers de l'article. — Quatrième article (genou) court, portant deux poils, l'un en dedans, l'autre en dehors, dirigés

obliquement en avant. — Cinquième article (tibia) plus long que le fémur, un peu élargi en avant, portant un long poil en dessus, un peu après son milieu ; un poil plus petit presqu'à la base du grand, en avant ; deux autres à l'extrémité ; deux poils en dessous, après le milieu de l'article. — Sixième article (tarse) plus court que la moitié du tibia, arrondi à son extrémité, portant une gouttière qui s'étend jusqu'au milieu de sa longueur, cette gouttière munie de trois poils, un au sommet et un dans l'épaisseur de chaque bord. Une touffe de huit à neuf paires de cirres en dessous de l'extrémité du tarse. Griffes fortement recourbées en faucille, formant plus d'un demi-cercle avec une pointe dorsale accessoire ; peigne très faible (ou usé par le frottement) dans le milieu de la courbure, formé par sept à neuf dents ; pièce médiane impaire très petite.

Deuxième paire semblable à la première, un peu plus courte ; le troisième article (fémur) plus court et plus trapu, sculpté comme celui de la première paire ; un poil assez long sur la face externe et un plus court vers le milieu de l'article ; tarse et griffes comme celles de la première paire, mais le dessous du tarse ne portant que cinq paires de cirres.

Troisième paire à premier article allongé, piriforme ; fémur moins nettement sculpté qu'aux pattes antérieures, un peu fusiforme ; tibia très allongé, un peu renflé vers son milieu, puis comprimé en crête à son extrémité ; tarse plus allongé que celui des pattes antérieures ; griffes moins recourbées, formant à peine un demi-cercle ; une seule paire de cirres à l'extrémité.

Quatrième paire semblable à la troisième, mais plus allongée, encore faiblement sculptée sur le fémur.

Un seul spécimen (mâle).

DIMENSIONS :

Longueur totale (environ)		1^{mm},120
—	du tronc	0^{mm},950
—	du rostre	0^{mm},370
Largeur du tronc		0^{mm},500 à 0^{mm},600 (suivant la compression de la préparation).

L'espèce est dédiée à mon collègue M. A. BOUVIER, professeur d'entomologie au Muséum d'Histoire Naturelle de Paris.

HABITAT. — Ile Wiencke (archipel Palmer), dans l'Antarctide Occidentale, par 20 mètres de profondeur (fond de rochers et d'algues). — 15 mars 1904 (n° 120 de la Mission Charcot).

APPENDICE.

DIAGNOSE DE DEUX ESPÈCES NOUVELLES d'*Halacaridæ* PROVENANT DE LA « NATIONAL ANTARCTIC EXPEDITION » DE LA « DISCOVERY ».

Ma note sur les Acariens de l'Expédition Anglaise Antarctique était imprimée et publiée lorsque j'ai reçu, par les bons soins de M. F. Jeffrey Bell, du British Museum, directeur de la publication des résultats scientifiques de ce voyage, un nouveau tube, retrouvé par M. Hodgson, naturaliste de l'Expédition, parmi les matériaux recueillis par lui sur l'Antarctide Orientale, et contenant des Acariens marins. A côté de trois spécimens appartenant à l'espèce déjà connue (*Leptospathis Alberti antarctica* Trt.), représentée par deux adultes et une grande nymphe, se trouvaient deux autres spécimens qui seront chacun le type d'une espèce nouvelle, dont je donne ici une courte diagnose.

Leptospathis scriptor (1) n. sp.

Espèce voisine de *Leptospathis Bouvieri* Trt. par sa forme générale et celle du rostre, mais les pattes plus longues et plus grêles (toutes plus longues que le tronc), la cuirasse plus mince et les pattes dépourvues de sculptures en forme d'alvéoles. — Le poil placé à l'extrémité distale de la face supérieure du deuxième article des palpes est écailleux, mais plus étroit que chez l'espèce précédente, en forme d'éventail à demi fermé ou de plume. — Les plaques oculaires sont petites, en forme d'écu à pointe postérieure, et portent deux cornées oculaires. La plaque notogastrique porte deux bandes longitudinales étroites sub-parallèles, à bords dentelés. Le cadre génital (mâle) est circulaire, saillant, portant une couronne de poils grêles ; l'anus est infère. — Les griffes sont faiblement recourbées, presque dépourvues de peigne, et la pièce médiane est très petite. D'ailleurs semblable à *L. Bouvieri*.

Remarque. — Le spécimen type décrit ci-dessus semblait, au premier abord, *couvert de poils fins et assez longs*, notamment sur les parties anté-

(1) *Scriptor*, écrivain, à cause du poil en forme de plume que porte le palpe.

rieures du tronc et les premiers articles des pattes. Un examen plus attentif montre que ces filaments ne sont que le pédoncule abandonné par de nombreuses Diatomées qui s'étaient fixées sur l'Acarien. Un certain nombre de ces Diatomées se voient encore attachées à leur pédoncule ; elles sont en forme de coquille bivalve, orbiculaire, et plusieurs sont en train de se dédoubler.

DIMENSIONS : longueur, 1^{mm},100 ; largeur, 0^{mm},500 à 600.

HABITAT. — Terre Victoria (Antarctide Orientale), « Winter Quarters » (Quartiers d'hiver de la « Discovery »), par 20 mètres de profondeur.

Agaue veles (1) n. sp.
(Deuxième nymphe).

Espèce voisine d'*A. microrhyncha* Trt., mais à cuirasse plus faible, indistinctement sculptée, et à pattes de la première paire portant deux épines de moins (8 au lieu de 10). Le troisième article, fortement renflé, n'a que deux épines (au lieu de trois) et le cinquième trois épines (au lieu de quatre). En outre, les articles de cette première paire sont dépourvus des lames ou crêtes saillantes, et la patte n'a pas la courbure accusée qui caractérise les spécimens d'*A. microrhyncha* provenant de la Méditerranée ou des mers australes (Voy. LOHMANN, *Plankton-Expedition*, Halacarinen, 1893, Pl. XI, fig. 1-9).

DIMENSIONS : longueur, 0^{mm},540 ; largeur, 0^{mm},320.

HABITAT. — Terre Victoria (Antarctide Orientale), « Winter Quarters » (Quartiers d'hiver de la « Discovery »), par 20 mètres de profondeur.

(1) *Veles*, vélite, soldat armé à la légère, par allusion à la faiblesse de la cuirasse de cette espèce. — Le genre *Agaue*, comme le précédent, est surtout des mers méridionales.

ACARIENS TERRESTRES

Par le D⁷ IVAR TRÄGARDH

DE L'UNIVERSITÉ D'UPSAL

(Avec 1 figure dans le texte)

EUPODIDÆ.

1. Rhagidia gigas subsp. gerlachei Trt.

Nörneria gigas gerlachei Trouessart, *Résultats du Voyage du « S. Y. Belgica »* (Zoologie), *Acariens*, 1903, p. 4.

HABITAT. — Dans les mousses sur les rochers. — Ile Wandel, 8 novembre 1904 (n° 676).

2. Tectopenthaleus villosus (Trt.) Trägardh.

Penthaleus villosus Trouessart, *loc. cit.*, 1903, p. 6, Pl. I, fig. 2 et 2*a*-2*d*.

HABITAT. — Dans les mousses sur les rochers, 8 novembre 1904 ; dans les mousses et les lichens, 4 décembre 1904, ile Wandel (n⁰ˢ 676 et 689).

PARASITIDÆ (*vel* GAMASIDÆ).

3. Digamasellus Racovitzai (Trt.) Trägardh.

Gamasus Racovitzai Trt., *loc. cit.*, 1904, p. 8, Pl. I, fig. 3, 3*a*-3*d*.

Remarque. — Les spécimens rapportés par l'Expédition Charcot ont les processitarsales du mâle plus grands que ceux des spécimens de la « Belgica ».

HABITAT. — Dans la mousse sur les rochers et sur les lichens, 22 février 1904, ile Hovgaard ; 8 novembre 1904 et 4 décembre 1904, ile Wandel (n⁰ˢ 84, 675 et 689).

4. Zercon tuberculatus Trägardh.

La description de cette espèce nouvelle est publiée dans les *Résultats scientifiques de l'Expédition Antarctique Suédoise*, actuellement sous presse.

Une nymphe.

HABITAT. — Dans la mousse sur les rochers, 8 novembre 1904, île Wandel (n° 676).

ORIBATIDÆ.

5. **Notaspis antarctica** Mich.

Notaspis antarctica, Michael, *Résultats du voyage du « S. Y. Belgica », Acariens*, 1903, p. 1.

HABITAT. — Dans la mousse sur les rochers et dans les mousses et les lichens, 8 novembre et 4 décembre 1904, île Wandel (n°ˢ 84 et 689).

6. **Notaspis belgicæ** Mich.

Notaspis belgicæ Michael, *loc. cit.*, 1903, p. 5.

HABITAT. — Dans les mousses et les lichens, 4 décembre 1904, île Wandel (n°ˢ 23 et 689).

SARCOPTIDÆ.

Tyroglyphinæ.

7. **Trichotarsus antarcticus** nov. sp.
(*Hypope*, fig. 4.)

Face dorsale. — La partie antérieure et les côtés sont recouverts de tissus mous, plissés très finement et concentriquement, parallèlement aux côtés du corps. Les deux tiers postérieurs sont recouverts d'une plaque oblongue, ovale, qui se continue en arrière avec l'extrémité de l'abdomen, qui porte une échancrure médiane. Cette plaque porte des lignes pointillées doubles, très fines, concentriques. Cette face porte, en outre, cinq paires de longs poils droits, affilés à leur extrémité et placés comme chez *T. hipposiderus* Oudms. et *T. xylocopæ* Donn., et de plus deux rangées longitudinales de poils très petits, dont cinq en dedans et trois en dehors.

Les trois premières paires de pattes munies de crochets très gros, fortement recourbés. La quatrième paire ne porte qu'une longue soie terminale plus de deux fois plus longue que le corps, terminée en forme de fouet, avec un très petit poil à la base. La cuticule des pattes est très

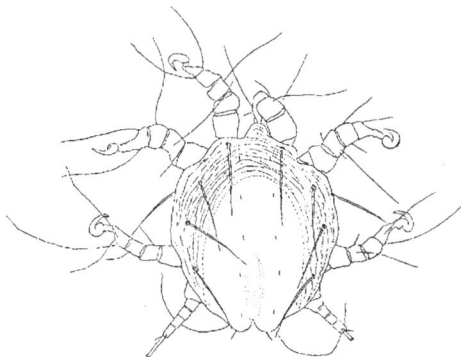

Fig. 4. — *Trichotarsus antarcticus*, hypope, face dorsale. × 125 (les longues soies de la quatrième paire ont été coupées près de leur base).

finement pointillée. Le tarse des première et deuxième paires est muni de deux poils longs et fins, dont l'un est velu. Sur le tibia, un poil unique, très long. A la troisième paire, le tarse porte trois poils longs.

Face ventrale. — Semblable à celle de *T. hipposiderus*. A l'extrémité de l'abdomen, deux paires de poils, dont la plus externe est très longue, effilée et recourbée en dehors.

Longueur totale, 0^{mm},37 ; largeur, 0^{mm},30.

Habitat. — Sur les Algues, 22 février 1904, île Wandel (n° 84).

Remarque. — Il est possible que cet Hypope appartienne au genre *Hyadesia* (Mégnin), dont plusieurs espèces vivent dans l'océan Antarctique, sur les algues, dans la zone des marées (*Note de E. Trouessart*).

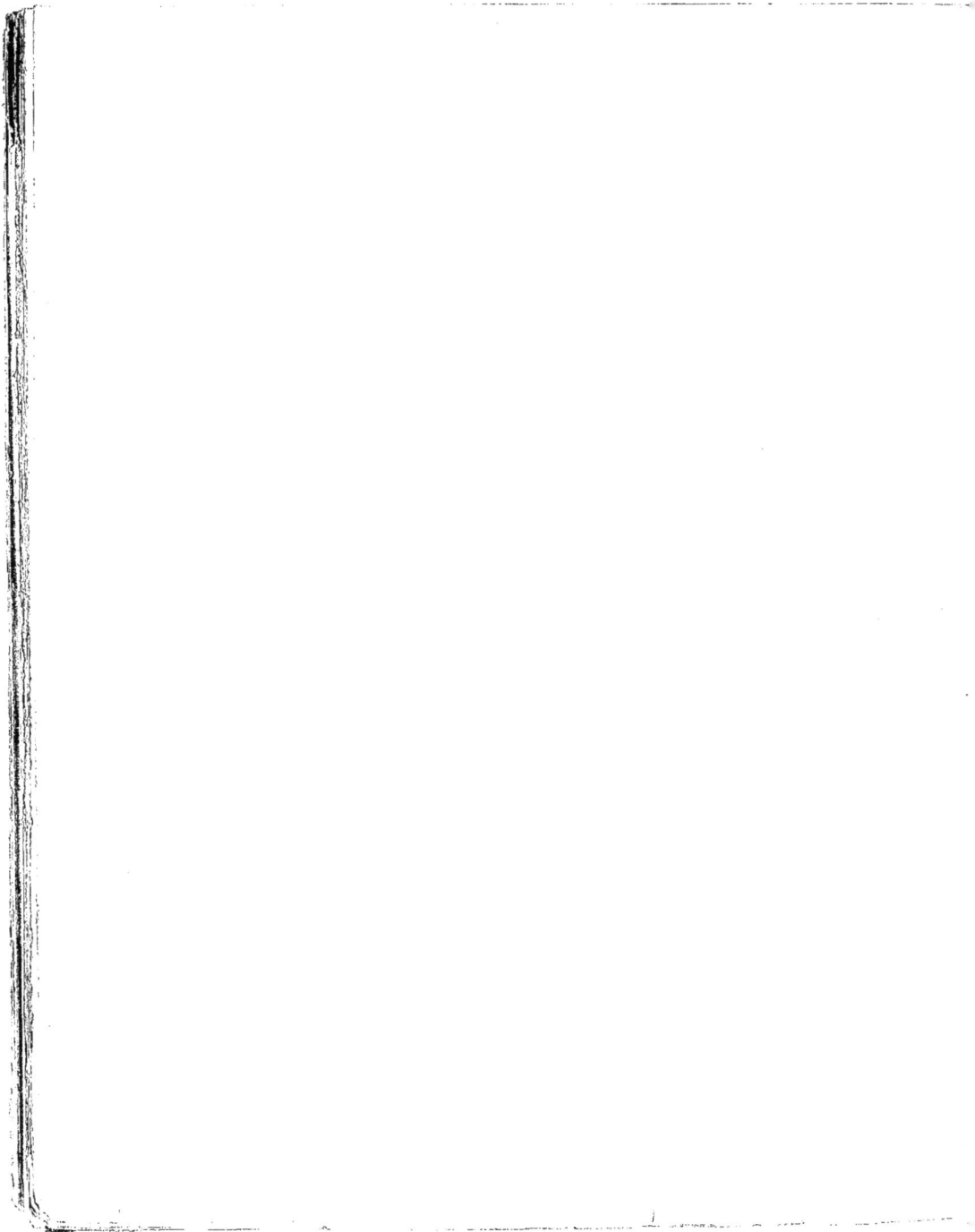

SOUS PRESSE :

ROULE... *Alcyonaires.*
MÉNÉGAUX....................................... *Oiseaux.*

Corbeil. — Imprimerie Éd. Crété.

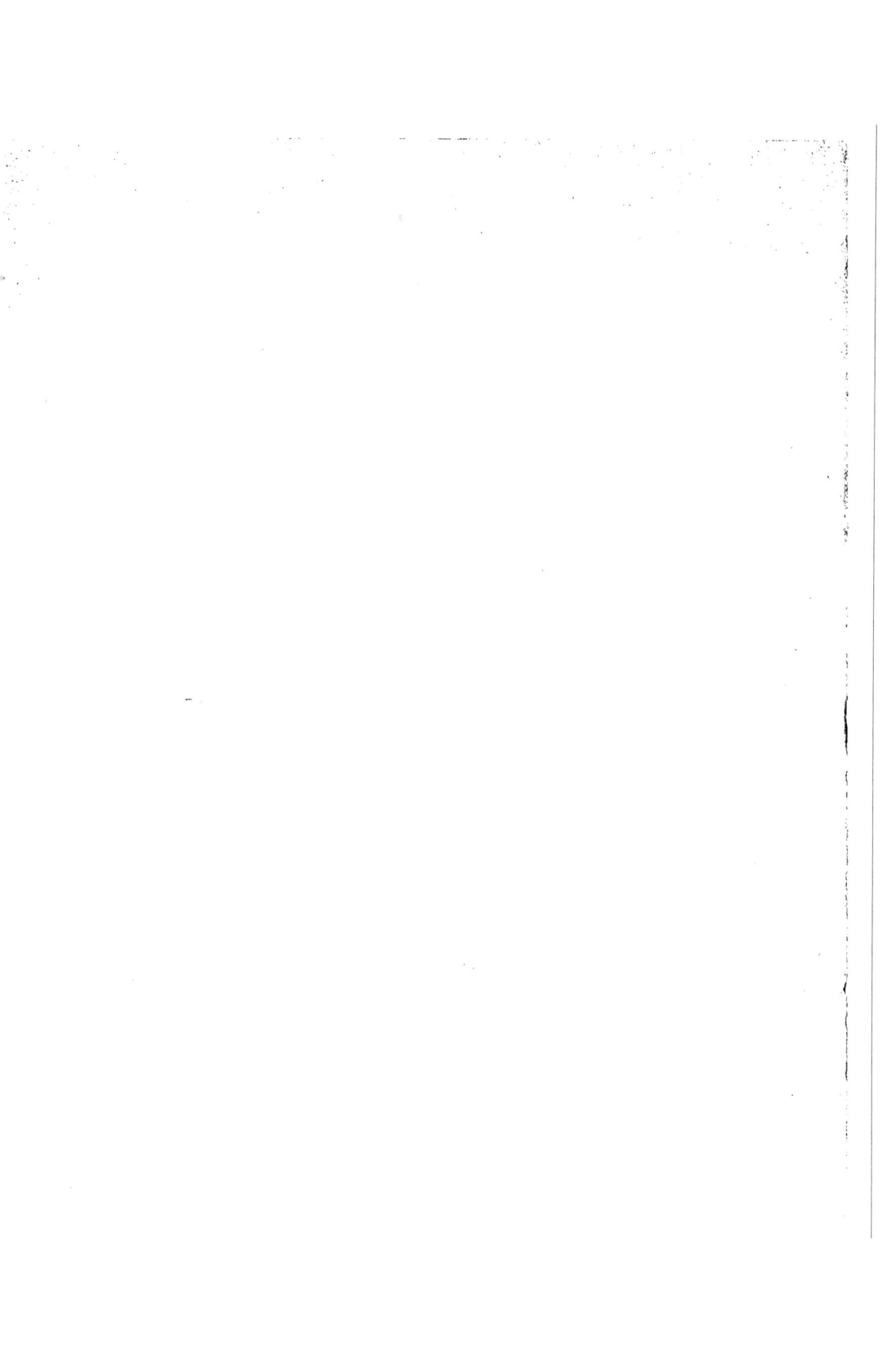

www.ingramcontent.com/pod-product-compliance
Lightning Source LLC
Chambersburg PA
CBHW071201200326
41519CB00018B/5314